新版　雅俗文

化　書系　樸初題

食者，民以之为天。

食之文化，天下饮食之精髓也。

它源于钻木取火，起于鼎簋俎爵；

伊尹易牙使之扬名，孔丘吕览为之立法。

它显现于帝王的宴席，

也流连于民间的小筑；

它流传于江湖草莽，也浸润着诗词文章。

它因五湖四海而风格迥异，

也因天下一统而为尝。

食源、食经、食俗、食礼……

荟萃文化滋味，锻造文化经典。

食文化

新版 雅俗文化书系

过常宝
周海鸥 主编
著

中国经济出版社
CHINA ECONOMIC PUBLISHING HOUSE
·北京·

图书在版编目（CIP）数据

食文化／过常宝主编 . -- 北京：中国经济出版社，
2011.1（2023.8 重印）
　（新版"雅俗文化书系"）
　ISBN 978 - 7 - 5136 - 0067 - 5

　Ⅰ.①食… Ⅱ.①过… Ⅲ.①饮食 - 文化 - 中国 - 通
俗读物 Ⅳ.①TS971 - 49

中国版本图书馆 CIP 数据核字（2010）第 140478 号

责任编辑　金　珠　崔姜薇
责任审读　霍宏涛
责任印制　张江虹
封面设计　任燕飞

出版发行　中国经济出版社
印 刷 者　三河市同力彩印有限公司
经 销 者　各地新华书店
开　　本　880mm × 1230mm　1/32
印　　张　7.125
字　　数　160 千字
版　　次　2022 年 1 月第 1 版
印　　次　2023 年 8 月第 2 次
定　　价　39.80 元

广告经营许可证　京西工商广字第 8179 号

中国经济出版社 网址 www.economyph.com 社址 北京市东城区安定门外大街 58 号 邮编 100011
本版图书如存在印装质量问题，请与本社销售中心联系调换（联系电话：010 - 57512564）

编　委

食文化

序一　季羡林序

（第一版"雅俗文化书系"序）

　　在中国，在文化艺术，包括音乐、绘画、书法、舞蹈、歌唱等方面，甚至在衣、食、住、行，园林布置，居室装修，言谈举止，应对进退等方面，都有所谓雅俗之分。

　　什么叫"雅"？什么叫"俗"？大家一听就明白，但可惜的是，一问就糊涂。用简明扼要的语句，来说明二者的差别，还真不容易。我想借用当今国际上流行的模糊学的概念说，雅俗之间的界限是十分模糊的，往往是你中有我，我中有你，绝非楚河汉界，畛域分明。

　　说雅说俗，好像隐含着一种评价。雅，好像是高一等的，所谓"阳春白雪"者就是。俗，好像是低一等的，所谓"下里巴人"者就是。然而高一等的"国中属而和者不过数十人"，而低一等的"国中属而和者数千人"。究竟是谁高谁低呢？评价用什么来做标准呢？

目前，我国的文学界和艺术界正在起劲地张扬严肃文学和严肃音乐与歌唱，而对它们的对立面俗文学和流行音乐与歌唱则不免有点贬义。这种努力是未可厚非的，是有其意义的。俗文学和流行的音乐与歌唱中确实有一些内容不健康的东西。但是其中也确实有一些能对读者和听众提供美的享受的东西，不能一笔抹杀，一棍子打死。

我个人认为，不管是严肃的文学和音乐歌唱，还是俗文学和流行音乐与歌唱，所谓雅与俗都只是手段，而不是目的。其目的只能是：能在美的享受中，在潜移默化中，提高人们的精神境界，净化人们的心灵，健全人们的心理素质，促使人们向前看，向上看，向未来看，让人们热爱祖国，热爱社会主义，热爱人类，愿意为实现人类的大同之域的理想而尽上自己的力量。

我想，我们这一套书系的目的就是这样，故乐而为之序。

季羡林

1994 年 6 月 22 日

序二 新版"雅俗文化书系"序

人的行为、意识、关系,人所面对的制度、风俗、物质等,都是文化。对于芸芸众生来说,文化与生俱来,人人都不能离开文化而生存。

古人说"物相杂,故曰文"(《周易·系辞下》),又说"五色成文而不乱"(《礼记·乐记》),所以,"文"就是多种色泽的搭配,它比自然状态有序而且更好看。圣人以此"化"人,就是要将人从蒙昧自然状态中改造过来,成为知廉耻、懂辞让、有礼仪的人。

现代人自我意识增强,就不这么看了。梁启超说:"文化者,人类心能所开释出来之有价值的共业也。"(《什么是文化》)就是说,文化是人类集体内在的灵性和智慧之花,这些花朵被普遍认可,并且形成一道道风景:道德、艺术、政治形态等。

这两种说法都有道理：先知先觉的天才们，引领着文化的方向；而我们每一个人，也都参与了文化的创造和延续。如此，文化才成其为文化。

政治、经济、伦理、哲学、学术、文学、艺术等，与意识形态和价值有关，有着官方色彩，可以称之为主流文化。而以社会生活为中心，如家庭、行业、风俗、技艺、生活行为等，以及一部分游离在社会法律和制度之外的行为，如绿林、帮会、寺庙、赌博等，则可称之为非主流文化或次生文化。

由于今天的"非主流文化"有"反主流文化"的意思，为了避免歧义，我们也可以直接地将这一部分内容称为生活文化和世俗文化。

主流文化对社会的发展至关重要，是精英们的舞台，他们以及他们精美的创造，为我们的社会树立了目标和尺度。但是，与我们每个人生活相关的，却是生活文化和世俗文化。生老病死、衣食住行、百般生业、游观娱乐、江湖绿林、方士游医、沿街托钵、鸡鸣狗盗……正是这一切，构成了日常生活的文化图景。

本书系关注社会生活，关注这五光十色的世俗图景，并希望能够完整地将它们勾勒出来。我们相信，这一幅幅的生活情态、世俗图景，甚至比那些彩衣飘飘、粉墨登场的角儿、腕儿，更加真实，也更有风采。

以"雅俗文化"为名，是为了显示我们对趣味的偏爱，并以此来区分于主流文化典正的姿态和庄严的价值观。其实在生活中是无所谓雅和俗的,弹琴虽然需要更多的教养,赌博对有些人来说似乎天生就会,但作为技艺,两者真有高下的差别吗?何况庄子说一切都与道相通,什么都可以玩出境界来。古人不是常拿厨艺说政治,并且还真有好厨师成了政治家的例子吗?所谓"雅俗文化",不过是遵从习惯的说法,并没有价值高下的意思。

日常生活及世俗图景都是文化,但文化毕竟具有建构性特点。换句话说,那些散乱的现象、意识、习惯等,只有被理解了,才具有意义,才能成为文化。我们编纂这套书系的目的,就是帮助人们理解日常生活和生活传统,从而能真正地从生活中体会到意义和趣味,增加人生的内涵。

我们期望编撰一套集知识性、趣味性甚至实用性为一体的文化丛书。它虽然不是学术著作,但就某一类别文化而言,应该有着系统的、可靠的知识,应该充分揭示出它的精神和境界,并融贯在对各种精彩文化现象的描述之中,使之真正贴近生活、提升生活,成为一道道能够颐养性情、雅俗共赏的精美的文化大餐。

过常宝

2011 年 3 月

新版 雅俗文化书系
食文化

前言　品文化之筵香

饮食原初的发生是一种自然的生命本能。火出现后，人们开始主动掌握饮食技能。

人为力量的参与，使饮食在不同地域、历史时期和生活方式下，呈现出差异性和多样性等特点；而人们的饮食行为在实践中也逐渐沉淀为生活习惯。饮食文化就此萌发了。

"橘生淮南则为橘，生于淮北则为枳"，食物的生长且有地域的分别，九州之内地大物博，风土殊异，游牧、农耕、渔猎等民族并存，导致了生活方式、社会信仰、社会结构、行为习惯等方面的差异。

这种差异，为饮食文化内涵的形成奠定了基础。

孟子说："七十者衣帛食肉，黎民不饥不寒，然而不王者，未之有也。"（《孟子·梁惠王章句上》）"食肉"在这里传递的是一种美好的社会理想，有着明确的政治内涵。

食物的政治意义无处不在,老子说:"治大国,若烹小鲜。"(《道德经》第六十章)他认为治国和烹饪相似,所以商代的名厨伊尹和春秋时的易牙,最后都成了政治家。饮食,是政治文化的缩影。

汉武帝时的大臣主父偃有"丈夫生不五鼎食,死即五鼎烹耳"(《史记·平津侯主父列传》)之说,意思是男人生则应做官封侯,不然就死得轰轰烈烈。

饮食,在一定的历史时期,既体现了人的身份差异,也体现了人的社会价值。

孔子的"食不厌精,脍不厌细"(《论语·乡党》),在礼仪文化中表达着圣人谨严而优雅的生活态度。

"烹羊宰牛且为乐,会须一饮三百杯",有李白的豪放;"绿蚁新醅酒,红泥小火炉",是白居易的雅致;"船头斫鲜细缕缕,船尾炊玉香浮浮",氤氲着苏轼的宁静。

饮食,生动地反映着个体的修养和审美境界。从火燔石烹到金齑玉鲙,从伊公说味到莼鲈之思,从异域食风到八大菜系,从钟鸣鼎食到满汉全席,饮食的内涵被不断地解读,进而演绎成为丰富灵动的人文符号。

九鼎八簋的筵宴间,它是尊贵地位与身份的象征;丝绸之路的足迹中,它是民族交融的召唤与应答;年节百姓的餐桌上,它是民间风俗回归的温暖标识;文人食客的笔墨下,它更是人生精神的释放与寄托。

当远古的火种燃起人类的炊烟,饮食于不可或缺的存在中,呈现出物质与精神的多重意义。

这种意义在一箸一勺中,在或庙堂或江湖杂陈五味的餐桌之上,然终又超越时空,交集于千载之下,代无穷尽,承载着人类对生命甘苦的流连。

饮食之道,包容着生命的智慧,也蕴涵着文化的精神。

新版 雅俗文化书系

食文化

目 录

第一章

筷头春秋

第一节 钟鸣鼎食

茹毛饮血

远古时代，在人工取火发明以前，人类的食物是指自然界中一切以自然形态能够被人吃下的东西。《礼记·礼运》中说：

"昔者先王未有宫室，冬则居营窟，夏则居橧巢。未有火化，食草木之实、鸟兽之肉，饮其血，茹其毛。"

◎ 燧人氏钻木取火

那时的人们风餐露宿，食野果、生肉，饮泉水、兽血，进食的意义只是在于获得生存。后来传说中出现了一位圣人，叫作"有巢氏"，《韩非子·五蠹》中描述他"作构木为巢，以避群害"，为人类初步解决了居住问题，并使得人们的住所避免受到野兽的侵害。

不仅于此，《三坟书》里记载："有巢氏生，俾人居巢穴，积鸟兽之肉，聚草木之实。"这就是说，有巢氏还教会人们猎取兽肉,采集果实。

一般认为,有巢氏的时代属于旧石器早期,那时虽然没有发明人工取火,但是雷电或林莽自燃的山火,仍然为人们提供了品尝熟食的机会。

大火过后,烧熟的兽肉和膨爆的坚果,散发出诱人的焦香,所以也有记载把"烧烤"和"膨爆"看作是最初的烹调。

而熟食的意义不止在于美味,更重要的是它促进了身体对于食物养分的吸收,减少了生食中细菌的侵害,从而增强了人们的体质。

后来,人们开始逐步尝试利用自然火,并试图保存、控制火种。同时,火对于生产工具的进化,也起到了有力推动的作用。

旧石器时代晚期,出现了人工取火。《韩非子·五蠹》中说:"上古之世,民食果蓏蚌蛤,腥臊恶臭而伤害腹胃,民多疾病。有圣人作钻燧取火,以化腥臊,而民说之,使王天下。号之曰'燧人氏'。"

燧人氏就是传说中钻木取火的圣人,他的这一段传说,在《古史考》中另有记载:"古者茹毛饮血,燧人氏钻火,始裹肉而燔之,曰炮。"

此处的"炮"是一种烧烤方法,指用泥浆涂抹并包裹住兽肉,然后将其丢进火中烧烤。烤熟后剥去泥壳时,野兽的毛也就一并去除了,同时食物也是皮酥肉嫩。后世的"叫花鸡",就是古时"炮"法技艺的延续。

人工取火的发明,使人们完全告别了茹毛饮血、生吞活剥的饮食方式,正式进入了熟食时代。

熟食时代的来临,被视为人类饮食文化的起点。

石烹陶烹

人工取火发明以后，人们逐渐掌握了用火技术，食物的范围和烹饪的方法都随之多样起来。

《礼记·礼运》将远古的烹饪方法列为炮、燔、亨（即烹）、炙四种。其中，炮是将食物包裹后在火上烧烤，燔和炙都是将食物直接在火上烧烤。这三种方式都不需要借助烹饪器皿，其对象也往往是动物或植物。

随着原始农业的发展，谷物成为新的食材，而谷物的烹饪，需要借助容器来完成，于是"烹"这种方法应运而生。

最早的谷物烹饪方法是石烹，即用石料，如石板、石块、鹅卵石等，作为传热介质焙熟食品。

石烹的方法大致有两种，一种是将石板或石块作为盛器，上面放置谷粒，下面用火加热，直至焙熟。

现今流传于陕西、山西、山东等地的石子馍、干馍、沙子饼等，就是沿用这种石烹方式。其做法是将洗净的鹅卵石子放在平锅里烧热，把饼坯放在石子上，另在饼上再铺一层烧热的石子，用上下石子对热的方式将饼焙

◎ 石烹的石子馍

熟。饼熟之后凹凸不平的形态，有着特别的石子焙熟的特征。

另一种石烹的方法是利用热石的温度煮熟食物，即将鹅

卵石烧到极热,取烧热的石子投入盛有食物的水中,使水沸腾并将食物煮熟。

云南古老的土著民族布朗族的一道名菜"卵石鲜鱼汤",采用的就是这种方法。

随着对火的不断运用,原始人类发现黏土经过火烧,可以变得坚硬,不再散开,形状也可以随需要而定,而且烧制的成物不会漏水和变形。

于是,人们尝试着用树枝或藤条编制成各形框架,然后在上面涂抹厚厚的黏土泥浆,待风干后放入火中烧制,烧好后就制成了一个坚硬的土罐。

自此,原始的陶器产生了,这是人类改造自然物的一次伟大尝试。陶器的出现,是旧石器时代过渡到新石器时代的一个显著标志。

有传说将陶器的产生联系到古帝王神农氏,神农氏和伏羲氏是继燧人氏之后的两位圣人。

《三皇本纪》记载,伏羲氏"结网罟以教佃渔,养牺牲以充庖厨",认为伏羲氏创立了渔业和畜牧业,这就使人们的食物种类拓展到捕捞的鱼虾和驯养的家畜。

而神农氏则被认为是农业的开创者,他不仅遍尝百草,还教人们播种五谷。《通志·三皇纪》中载:"炎帝神农氏起于烈山……民不粒食,未知耕稼,于是因天时,相地宜,始作耒耜,教民艺五谷。故称之'神农'。"

《太平御览》引《周书》佚文"神农耕而作陶",认为神农氏在开创农业的基础上,又发明了陶器。

农业和畜牧业的发展,改变了原始人群"饥则求食,饱则弃余"的生活状况,使人们逐渐开始了定居生活,进而也开始寻求食物的存储之道和烹饪方法的改进。

陶器作为一种烹饪容器和盛器的出现,一方面使得谷物的存储和水的移动都成为可能,为人们拓展了更为广阔的生活空间;另一方面,作为炊具和餐具,陶器的使用彻底改变了先前时代"燔黍捭豚,污尊而抔饮"(《礼记·礼运》)的原始落后的饮食状况,并为新的烹饪方法的产生提供了条件。在火燔石烹之后,煮、蒸等陶烹方法纷纷出现了。

据三国时谯周的《古史考》记载,"黄帝作釜甑",并有"黄帝始蒸谷为饭,烹谷为粥"之说,将"饭"和"粥"两种食物的产生划入黄帝时代。

"釜"和"甑"都是最早出现的陶制炊具,也最为常用。二者的区别在于:"釜"为敛口圆底的罐子,类似于锅,底部无足,为煮食所用;"甑"底部有许多小孔,为蒸食所用。

"饭"和"粥"都以去壳的谷物为食材,加水加热而成。"粥"是在陶器内盛水,放入谷物,在下面直接烧火煮熟,"煮"也是最早利用炊具熟化食物的方法。

比此更进一步的是,"饭"的烹制已经开始运用蒸汽导热的原理。陶甑底部的小孔好比蒸屉,人们在陶甑的下面放置一个盛水的器皿,并在其下生火,利用沸水产生的蒸汽,穿过陶甑底部的小孔,进而将食物蒸熟。

陶制炊具和容器的发展,也为发酵类食品的产生创造了条件。此后,酿酒、制醢、制酰(醋)等食物制作工艺也都随之产生了。

陶器的产生和陶烹的运用,是人类饮食史发展的一次质的进步,对人们生活方式的影响意义深远。

列鼎而食

制陶业在新石器时期发展了数千年,其制作工艺日趋完善,并为金属铸造业的产生创造了条件。

到了夏商时期,青铜器出现了。周朝时期青铜文化发展到鼎盛。与此同时,社会开始出现阶级差异,人类发展步入奴隶社会。

比起陶制食器,青铜食器坚固耐用,不易破损,而且造型美观,做工精巧,既兼具石器和陶器的优点,也弥补了二者的不足,广为权贵阶层所使用。

这一时期的青铜食器分工精细,种类众多,包括了烹调器,如鼎、敦;切割器,如刀、俎;盛食器,如簋、盘;取食器,如箸、勺;盛酒器,如尊、卣;饮酒器,如爵、角;盛水器,如盆、缶等。其造型端庄,纹饰华美,可见当时青铜文明的发达。

◎ 现存最大最重的古代青铜器
司母戊大方鼎(商代)

虽然如此,由于青铜造价昂贵,得之不易,加之制作工艺复杂,在当时并没有成为大众百姓的生活器皿,陶器在人们的生活中依然盛行。

而青铜器皿也仅为统治阶级所专享,逐渐带有了等级标志,成为阶级、权力和地位的象征,并由最初的食器发展为祭祀的礼器和传国重器。

鼎是最早出现的青铜食器之一,许慎在《说文解字》里形容鼎"三足两耳,和五味之宝器也"。早期的鼎是黏土烧制的陶鼎,夏商时期出现了用青铜铸造的铜鼎,其形状有三足圆鼎,也有四足方鼎。

鼎最初被作为煮肉的食器,后来逐渐演变为祭祀专属的礼器,用以祭天祀祖,并作为贵族死后的随葬品之一。

据先秦典籍记载,夏初时期,大禹划分天下为九州,各州牧向大禹贡金(即青铜)铸鼎,禹收九牧之金铸九鼎,并将九州的名山大川、奇珍异物镌于九鼎之身,以一鼎象征一州,将九鼎集中于夏朝都城。

禹铸九鼎的传说,使后来"九州"演绎成为国家和天子权力的象征。鼎也因体积庞大、材质厚重、不易移动等特点,逐渐演化为象征国家政权的传国重器。

《周礼》中记载"夫礼之初,始诸饮食"。西周时期,人们的饮食习俗表现出了更多的礼仪和社会等级的差别。何休注《公羊·桓公二年传》中有"天子九鼎,诸侯七,大夫五,元士三"之说。这一按照礼制而定的列鼎制度,对不同地位等级的人所使用食器的数目,都有着明确的规定。

作为统治阶级专属的青铜食器,其演化为礼制的体现,被用以"明尊卑,别上下",承载了特殊的意义,这就是所谓的"藏礼于器"。

随着生产力水平的提高,统治阶级的生活开始穷奢极欲,饮食也由基本的温饱过渡到追求食礼文明。

这一时期,礼制日益成熟,除了食器,乐器也被作为礼器之一。上层阶级贵族在饮宴的时候,常常要击钟奏乐,供食者享乐,并列鼎盛放珍馐百味,场面极为豪华铺张。

司马迁在《史记·货殖列传》中说:"洒削,薄技也,而郅氏鼎食……马医,浅方,张里击钟。"张衡的《西京赋》也有"击钟鼎食,连骑相过"之说。后来王勃在《滕王阁序》中写道"闾阎扑地,钟鸣鼎食之家。"

所谓的钟鸣鼎食,作为封建食礼的标志性场景,自周朝始,奠定了此后数千年我国上层社会的饮食文化基调。而作为封建礼制的发端,其内涵已经远远超越了饮食本身。

✿ 食不厌精

先秦时期饮食文化的另一大进步,就是出现了有关烹饪、食礼的著作,其中有吕不韦编著的《吕氏春秋·本味》《黄帝内经》,以及《论语》中孔子有关饮食的言论记录等,这些著作首次将我国饮食文化上升到了理论高度。

《吕氏春秋》为秦相吕不韦组织门客编纂而成,其中有我国烹饪史上最早的理论文字。如《本味》篇,以"伊公说味"的故事,对饮食的选料、调味、火候等做了专门的论说,提出了著名的"三材五味"论,并列举了当时的天下美食。这篇文字是对先秦时期的饮食烹饪经验进行的首次文字总结。

《黄帝内经》是我国最早的医学典籍,其中也包含了大量关于食养食疗的论述,反映了我国古代朴素的饮食养生观念。

全书以探究人与天地自然万物的关系为核心,总结了五味调和、养助益充、饮食有节、医食同源等食养食疗的理论,阐释了我国古代饮食养生文化的内涵。

其中,《素问》篇提出:"五谷为养,五果为助,五畜为益,五菜为充,气味合而服之,以补精益气。"这种食养模式,确立了几千年来中国人的健康饮食结构。

作为儒家学说的代表,孔子的饮食观自成体系,涉及饮食礼仪、烹饪技术、饮食原则等诸多方面。

孔子的饮食理论多是与食礼相关的,在《论语·乡党》篇中,其名句"食不厌精,脍不厌细",讲的就是祭祀食物制作的规矩。这两句话的意思是说,加工食品一定要精细、洁净,粮食要舂得越精越好，肉要切得越细越好，这样才符合仪式的庄重。

孔子还提出了出现了十三个"不食"的论述，即：

"食饐而餲，鱼馁而肉败，不食。色恶，不食。臭恶，不食。失饪，不食。不时，不食。割不正，不食。不得其酱，不食。肉虽多，不使胜食气。唯酒无量，不及乱。沽酒市脯，不食。不撤姜食。不多食。祭肉不出三日，出三日不食。食不语。"

这些主张基于封建食礼的要求，从食物的卫生、质量、色味、烹饪、餐时和用餐行为等方面，提出了特定的饮食标准。

◎ 孔子提出十三个"不食"

夏商周时期，是我国饮食文化的萌发期和成形期。从远古时代走出的人们，经历了茹毛饮血到钟鸣鼎食，火燔石烹的粗陋到五谷六畜的丰盛，其间饮食文化的发展进程也从自然过渡到了自觉。此后，人们开始了漫长的寻味之旅。

第二节 酒楼食肆

🌀 皇家御宴

战国时期，屈原的《楚辞》作为楚地文化的代表，其瑰丽的文字之下，也呈现给后世大量的饮食资料。其中《招魂》一节，为悼念楚怀王而作，文章备陈华宫美食，以召促其魂灵归来。

这段描写楚宫盛宴的文字，也成为我国最早的一份文字记录的宴席食单。其辞曰：

"室家遂宗，食多方些。稻粢穱麦，挐黄粱些。大苦咸酸，辛甘行些。肥牛之腱，臑若芳些。和酸若苦，陈吴羹些。胹鳖炮羔，有柘浆些。鹄酸臇凫，煎鸿鸧些。露鸡臛蠵，厉而不爽些。粔籹蜜饵，有餦餭些。瑶浆蜜勺，实羽觞些。挫糟冻饮，酎清凉些。华酌既陈，有琼浆些。"

大意是说，家族聚居在一堂，饭菜吃法真多样。大米小米和麦类，里面还要掺黄粱。有苦有咸又有酸，辣的甜的都用上。肥牛宰了抽蹄筋，烧得烂熟喷喷香。调些酸醋和苦汁，摆上吴氏风味汤。红烧甲鱼烤羔羊，拌上一些甘蔗浆。酸味天鹅炒野鸭，又煎大雁又烹鸧。酱汁卤鸡焖海龟，味道虽浓味不伤。油炸蜜饼和甜糕,浇上一层麦芽糖。名酒甜酒数不尽,你斟我酌注满觞。沥去酒糟再冰镇,醇酒清心又凉爽。华筵已经摆列好,杯杯美酒如琼浆。盼你赶快回老家,敬你一杯理应当。①

这段文字记载了一次楚国盛宴的菜肴和酒饮,其中主食为大米、小米、麦子、黄粱;肉食为牛蹄筋、烧甲鱼、烤羔羊、烹天鹅、炒野鸭、煎大雁、酱卤鸡、焖海龟等;羹汤为吴羹;点心为炸蜜饼、炸馓子等;饮品为甘蔗浆、冰蜜酒等;调味品为甘蔗浆、蜜,所调味道有苦、咸、酸、辛、甘等。

从其场面之铺陈,食材之丰富,菜肴之全面,烹饪技法之多样,可知战国时期饮食文化的发达程度。

《楚辞·招魂》篇开启了我国古代食单的历史,同时,作为最早的一份南方菜系的食单,它也反映出荆楚饮食文化的原初风貌。

秦汉时期的饮食日渐丰富精细。西汉辞赋家枚乘的《七发》篇,假托为太子去病,以主客问答的形式,描述了一份汉代宫廷筵宴食单,记录了牛肉笋蒲、狗羹石耳菜、芍药熊掌、烤兽脊肉、紫苏鱼片、白露时蔬、烹野鸡、豹胎等宴席菜品,以及楚乡稻米饭和菰米饭等主食和兰花美酒,极尽丰美。其文如下:

"犓牛之腴,菜以笋蒲。肥狗之和,冒以山肤。楚苗之食,安胡之饭,抟之不解,一啜而散。于是使伊尹煎熬,易牙调和。

"熊蹯之臑,芍药之酱。薄耆之炙,鲜鲤之鲙。秋黄之苏,白露之茹。兰英之酒,酌以涤口。山梁之餐,豢豹之胎。小飰大歠,如汤沃雪。"

---

① 参考上海古籍出版社《楚辞译注》。

大意是煮熟小牛腹部的肥肉,用竹笋和香蒲来拌和。用肥狗肉熬的汤来调和,再铺上石耳菜。用楚苗山的稻米做饭,或用菰米做饭,这种米饭抟在一块不会散开,而入口即化。于是让伊尹负责烹饪,易牙调和味道。

熊掌煮得烂熟,再用芍药酱来调味。把兽脊上的肉切成薄片制成烤肉,鲜活的鲤鱼切成鱼片。佐以秋天变黄的紫苏,被秋露浸润过的蔬菜。用兰花泡的酒来漱口。还有用野鸡、家养的豹胎做的食物。少吃饭多喝粥,就像沸水浇在雪上一样。

汉魏时期,记载皇家筵宴的文字很多,有《史记》中的鸿门宴、《汉书》中的游猎宴、汉高祖刘邦的《大风宴》、汉武帝刘彻的《析梁宴》、吴王孙权的《钓台宴》、魏王曹操的《求贤宴》、曹植的《平乐宴》、梁元帝萧绎的《明月宴》、梁简文帝萧纲的《曲水宴》等。这些筵席虽然类别不同,但编排上各围绕一个主题,自成一格,很有新意。

唐代的"烧尾宴"是唐代官宴的代表。据《旧唐书·苏瓖传》记载:"公卿大臣初拜官者,例许献食,名曰烧尾。"这是指大臣初上任时,为了感恩,向皇帝进献的盛宴。

◎ 唐代烧尾宴图

另外一种解释认为,烧尾宴是士人初登第时或做官升迁时,招待前来贺喜的朋友和同僚的筵宴。如《封氏闻见记》中记述道:"士子初登荣进或迁除,朋僚慰贺。必盛置酒馔管乐,以展欢宴。谓之烧尾。"

这两种说法虽不尽相同，但大致都隐含了士人身份升迁这层含义。

关于"烧尾宴"名称的由来，民间有三种说法。

一是说因为人的地位骤变，如虎变成人而尾巴犹在，故要"烧掉尾巴"——"虎变为人，唯尾不化，须为焚除，乃得成人。"（《封氏闻见记》）

二是说人的地位变化好像新羊初入羊群，为群羊所触犯而不安，用火烧掉其尾巴，方可使之安定——"新羊入群，乃为诸羊所触，不相亲附，火烧其尾则定。"（《封氏闻见记》）

三是形容人朝官荣升，如鲤鱼跃龙门，需用天火烧去鱼尾，方可化为真龙。

后来的"烧尾宴"多取"鱼跃龙门"之意，成为大臣进献皇帝的筵宴。烧尾宴之风，自唐中宗时兴起，据《辨物小志》记载："唐自中宗朝，大臣拜官，例献食于天子，名曰烧尾。"北宋陶谷的《清异录·馔羞门》中则记载了唐代韦巨源的《烧尾宴食单》。

公元 709 年，韦巨源升任尚书令，依例向唐中宗进宴。食单共列出宴会的菜点五十八种，可窥知当时盛宴的概貌。

这场烧尾宴用料考究，制作精细，佳肴丰美。其中仅饭食点心就有二十余种，包括了饭、粥、饼、糕、花卷、面片、馄饨、粽子等，如单笼金乳酥（蒸笼饼）、曼陀样夹饼（炉烤饼）、巨胜奴（蜜制散子）、婆罗门轻高面（蒸面）、贵妃红（红酥皮）、御黄王母饭（肉加鸡蛋盖饭）、鸭花汤饼（鸭汤加面片）、金银夹花平截（蟹肉、蟹黄蒸卷）、水晶龙凤糕（枣馅烤饼）、双拌方破饼（花角方形点心）等，馄饨更是有二十四种馅料和造型。

食单中的菜肴羹汤也是山珍海味，水陆杂陈，烹饪方法复杂精妙。

食材有牛、羊、猪、熊、鹿、鸡、鹅、鹌鹑、兔、驴、狸、鱼、虾、青蛙、鳖等,如金铃炙(酥油烤食)、通花软牛肠(烹羊骨髓)、光明虾炙(烤活虾)、同心生结脯(风干薄肉片)、冷蟾儿羹(冷食蛤蜊羹)、白龙臛(鳜鱼羹)、凤凰胎(毛鸡蛋拌鱼白)、羊皮花丝(炒羊肉丝)、乳酿鱼(乳汁酿鱼)、丁子香淋脍(丁香油淋肉脍)、葱醋鸡(葱醋蒸鸡)等。

筵席上还有一道菜,原文记之"**饼素蒸音声部面蒸象蓬莱仙人,凡七十字**",此处说的是一道"看菜"。所谓"看菜",即工艺菜,主要用于装饰筵席,供人观赏以愉悦就餐心情。

食单中这道名曰"素蒸音声部"的看菜,是用素菜和蒸面做成七十名女子歌舞的场面,个个姿态绰约,宛若蓬莱仙子。丰盛铺陈的宴席之上摆放了这道看菜,其奢华壮观,世所罕见。

作为烹饪典籍的一种,《烧尾宴食单》继承了《楚辞·招魂》篇的模式脉络,一以贯之。

无论是食材选料、烹饪技法、火候掌控,还是菜品分类、造型讲究、筵席排场,《烧尾宴食单》都集合了前代饮食文化之大成,特别是对食物造型美感的关注,反映出唐代宫廷饮食文化的审美追求。

虽然烧尾宴在唐代仅仅盛行了二十年左右的光景,但已然成为当时宫廷宴会的标志。

京城酒楼

自宋代开始,宵禁制度逐渐被废除,夜市普遍开放,这使得人们的饮食结构也发生了相应变化,维系了千年的两餐制演变为三餐制,于是大量的酒楼食铺应运而生。

同时,随着商品经济的发展,享乐之风在京城甚盛,被中上层人士视为生活享受重要部分的饮食业也因此受到积极的推动。

开封作为当时世界上最繁华的城市之一,其丰饶的物产、稠密的人口、便捷的交通、发达的商业,都为餐饮业的发展提供了良好的外部环境。加之粮食作物产量的增加,蔬菜水果的广泛种植和养殖业的发展,餐饮业进入空前繁荣的时期。

这一时期饮食文化地位上升,并逐渐受到社会各阶层广泛的关注。特别是士大夫群体,因为国运的动荡和政治的失落,他们的意识形态开始逐渐转向关注个人内心世界的协调,并外现于对于日常生活品质的追求,借以寄寓政治抱负和人生理想。

士大夫群体深厚的文化修养、雅致的审美品位、对于饮食生活积极的态度,使得这一时期饮食文化的品质得以提升,并带动了社会大众参与饮食生活的热潮。

京城的酒楼按照规模和布置分为不同档次,餐饮的价格也因此有高低之分。大型的高级酒楼叫"正店",中小型的饭馆酒家叫"脚店"或"分茶",此外还有贩食摊子遍布街市。对此,孟元老的《东京梦华录》中记载:"在京正店七十二户,此外不能遍数,其余皆谓之脚店。"

当时在开封城内,有很多规模庞大的高级酒楼,它们多集中于主要街道和区域,大都环境优美、建筑巧妙、陈设讲究、装饰豪华。

据传共"七十二户",有州东宋门外"仁和店""姜店",州西"宜城楼""药张四店""班楼",金梁桥下"刘楼",曹门"蛮王家""乳酪张家",州北"八仙楼",戴楼门"张八家园宅正店",郑门"河王家""李七家正店",景灵宫东墙"长庆楼"等。

每到营业之时,家家张灯结彩,场面热闹非常。《东京梦华录》记之曰:

"凡京师酒店,门首皆缚彩楼欢门,唯任店入其门,一直主廊约百余步,南北天井两廊皆小阁子,向晚灯烛荧煌,上下相照,浓妆妓女数百,聚於主廊槏面上,以待酒客呼唤,望之宛若神仙。"

周密的《武林旧事·卷六》,对此盛貌也有描述:"歌管欢笑之声,每夕达旦,往往与朝天车马相接。虽风雨暑雪,不少减也。"

南宋临安也有不少大型酒楼,如太和楼、春风楼、丰乐楼、中和楼、春融楼等。在这些高档的酒楼中,以白矾楼(后名"丰乐楼")最负盛名,《东京梦华录》中记述道:

"宣和间,更修三层相高。五楼相向,各有飞桥栏槛,明暗相通,珠帘绣额,灯烛晃耀。

"初开数日,每先到者赏金旗,过一两夜,则已元夜,则每一瓦陇中皆置莲灯一盏。"

白矾楼有五幢三层小楼,其间各有飞桥栏杆相连,珠帘锦绣,灯火辉煌,是文武官员经常的欢宴之地。

宋代的酒楼设有专门负责承办筵席的机构,称"四司六局",专为大型宴会服务。

"四司"指帐设司、茶酒司、台盘司和厨司;"六局"指果子局、蜜煎局、菜蔬局、油烛局、香药局和排办局。各司各局职责互相补充、互不重叠。

"四司"中,帐设司掌管各种陈设;茶酒司掌管迎送客人,安排茶酒、座次;台盘司掌管碗碟杯盏的传送;厨司掌管食物的烹饪。

"六局"中,果子局负责为干果、时果剥洗装盘;蜜饯局负责为蜜饯、咸酸剥洗装盘;菜蔬局负责选购蔬菜及宴会布菜;油烛局专掌灯火台烛;香药局专掌药碟、香料及醒酒汤药;排办局专掌打扫等事。

伴随着饮食业的发展,厨师的地位也有所提高,有一些饭店因厨师烹饪手艺高超,便以其名字来命名。《东京梦华录》中也有记载:

"卖贵细下酒、迎接中贵饮食,则第一白厨,州西安州巷张秀,以次保康门李庆家,东鸡儿巷郭厨,郑皇后宅后宋厨,曹门砖筒李家,寺东骰子李家,黄胖家。"

宋代酒楼的蓬勃兴盛,带动了饮食服务业的发展,从业人员数量的增多,使分工更加专业,服务更加细化,并产生了很多新兴工种,被命以一定称谓,各司其职。

厨师称"茶饭量酒博士",腰系青花布手巾、高绾发髻、为酒客换汤斟酒的妇人称"焌糟";普通百姓在富家子弟近前跑杂的称"闲汉",为客人斟酒歌唱献果子、在客散时得钱的称"厮波",筵前献唱的下等妓女称"礼客"或"打酒坐"等。诸如此类,处处皆是。

不仅于此,宋代饮食业的服务流程也很规范熟练。据《东京梦华录》载:"客坐则一人执箸纸,遍问做客,都人侈纵,百端呼索。或热或冷,或温或整,或绝冷、精浇、膘浇之类,人人索唤不同。""行菜得之,近局次立,从头唱念,报与局内。当局者谓之铛头,又曰着案讫。""须臾,行菜者左手杈三碗。右臂自手至肩,驮迭约二十碗,散下尽合各人呼索,不容差错。"

当客人就座后,跑堂的服务人员就递上擦筷子纸,并逐个遍问客人需要的菜肴以及对菜品的要求,然后到靠近灶间处,唱念报与掌勺师傅和红白案师傅,厨师们依此烹制。

少许,跑堂从灶间取出二十余个碗,自右臂手掌叠铺至肩膀,再一一分发给餐客,绝对不会出错。有时,即使只有一两位客人就餐,他们的服务也毫不马虎,"凡酒店中,不问何人,止两人对坐饮酒,亦须用注碗(酒壶)一副、盘盏两副、果菜碟各五片、水菜碗三五只,即银百两矣。"

两宋时期虽然国势颓废,但正如《东京梦华录》序中所言:"集四海之珍奇,皆归市易;会寰区之异味,悉在庖厨。"烹饪技术的发展,饮食著作的丰富和风味菜系的萌芽,使得宋代饮食文化的发展呈现出繁盛之貌。

随着生产力的发展和商品经济的全面推动,酒楼饭店等饮食服务业已然日趋成熟,并广泛深入到社会生活的各个领域,成为饮食文化史上极有意义的坐标。

市井肴席

宋代的食品种类较前代有了很大的发展,这也带动了民间饮食生活的丰富。张择端的《清明上河图》便是北宋市井生活盛貌的写照。

◎《清明上河图》(局部)

这一时期开封的酒馆、饭铺、贩食摊子遍布街市,不胜枚举,其多经营大众口味食物,通宵达旦,种类丰富。

据《东京梦华

录》记载:"大抵诸酒肆瓦市,不以风雨寒暑,白昼通夜,骈阗如此。"这些食物以馒头、蒸饼、粥茶、豆腐等粗食为主,另外还有一些特色小食,如蒸梨枣、黄糕糜、宿蒸饼、发芽豆之类。

小贩们挑担入巷,价格低廉,方便购买,深得百姓喜爱。对于当时京城的著名小吃,在《东京梦华录》中有如下描述:"史家瓠羹、万家馒头,在京第一。"

南宋临安也以此为风尚,在早市和夜市中供应糕点果品等小食,同时兼营肉食羹汤,其中水产品尤为丰富。临安的食店有南食店、羊饭店、馄饨店、菜面店、素食店、闷饭店等,还有专营鱼虾、鱼面、粉羹的家常食店。其名店多因佳肴闻名,如张手美家、戈家蜜枣儿、钱塘门外宋五嫂鱼羹、涌金门灌肺等。

茶坊饮料的种类也很丰富,除茶饮外,还有漉梨浆、绿豆汤、椰子酒、木瓜汁、梅花酒等。据传,当年就连高宗皇帝也常常点名让一家叫作吃坊间的食店供应小食。

◎ 市井饮食图

此外,外卖的食品也很丰富,如软羊诸色包子、猪羊荷包、烧肉干脯、玉板鲊豝、鲊片酱之类。一些小酒店,还卖下酒菜,如煎鱼、鸭子、炒鸡兔、煎燠肉、梅汁、血羹、粉羹之类。据说每份不过十五文钱,很是经济实惠。

对宋代的小吃,袁褧的《枫窗小牍》中有如下描述:

"旧京工伎固多奇妙,即烹煮盘案亦复擅名,如王楼梅花包子、曹婆肉饼、薛家羊饭、梅家鹅鸭、曹家从食、徐家瓠羹、郑家油饼、王家乳酪……不逢巴子、南食之类,皆声称于时。"

"若南迁,湖上鱼羹宋五嫂、羊肉李七儿、奶房王家、血肚羹宋小巴之类，皆当行不数者。"

自明代开始，饮食业出现空前的繁荣，这一方面得益于商品生产的迅速发展，同时也与明代主张个性、崇尚自我的社会风气不无关系。

这一时期，道德意志的衰微与自然欲望的高扬，不仅使权贵阶级穷奢极欲，下层社会的大众百姓也常以享乐买醉为快。上层社会的文人雅士则以适意求乐为人生的原则和价值取向，并将关注自我生命的价值与意义作为人生的目标。

上层社会的文人雅士因袭宋代对饮食之风的关注，更加讲究饮食生活的情调，将之艺术化并参与其中，这成为明清时期一个独特的饮食文化现象。

大量的文人作品中出现了有关记录日常饮食生活的篇章段落，如张岱的《老饕集》和《陶庵梦忆》、冒襄的《影梅庵忆语》、李渔的《闲情偶寄》等。

还有一些专业的食书，如《墨娥小录》《居家必用事类统编》等；另外有一些综合性的食谱，如元末倪瓒所著《云林堂饮食制度集》、元末明初韩奕的《易牙遗意》、明末高濂的《遵生八笺·饮馔服食笺》等。

在明代的文学作品中，《金瓶梅》是比较特殊的一部，它以市俗文化和权贵趣味为审美取向，被称为"寓意于时俗"的世情小说。

作为市井文化的代表，书中描述了大量明代中晚期市井富豪的饮食生活现象。在烹饪手法上，书中列举了炒、炖、煎、煠、蒸、熬、烧、炙、卤、熏、爆、摊、氽等十余种，并有多处对于菜肴和菜席的记述。如六十一回写到的"螃蟹鲜"："四十个大螃蟹，都是剔剥净了的，里边酿着肉，外用椒料、姜蒜米儿，团粉裹就，香油煠、酱油醋造过。香喷喷酥脆好食。"

对于菜席,书中第二十七回写到西门庆在花园里的一顿"野餐":

"西门庆一面揭开盒,里面攒就的八榀细巧果菜:一榀是糟鹅胗掌,一榀是一封书腊肉丝,一榀是木樨银鱼鲊,一榀是劈晒雏鸡脯翅儿,一榀是鲜莲子儿,一榀新核桃穰儿,一榀鲜菱角,一榀鲜荸荠;一小银素儿葡萄酒,两个小金莲蓬钟儿,两双牙箸儿,安放在一张小凉杌儿上。"

由此可以看出,其种类繁多,品相精美,搭配也十分讲究。《金瓶梅》全书提到的日常菜肴、主食、羹汤、糕饼、糖食、蜜饯、干鲜果品、饮料、茶和酒等不下三四百种,概括了明代中晚期市井饮食的发展风貌。

第三节　异域风味

胡味腥膻

从汉代开始,人们的饮食生活发生了一个重大变化。汉武帝时,张骞出使西域,开通了"丝绸之路",使得"殊方异物,四面而至"(《汉书·西域传》),不仅将中国的丝绸、缯帛、黄金、漆器等特产传向西方,同时也从西域诸国传入了骏马、貂皮、珠宝、香料等珍贵物产。

　　"丝绸之路"的开通,也为中西饮食文化的交流创造了条件,中原的桃、李、杏、梨、姜、茶叶等物产传到西域,而各种外国的农作物和食品原料等重要物产也传入进中原,对人们的饮食生活产生了很大影响。据传,汉灵帝对西域食物十分偏爱,以至被后人称为"胡食天子"。

　　西域传入的物产在古籍中多有记载。如《博物志》曰:"汉张骞出使西域,得涂林安国石榴种以归,故名安石榴。"《食物纪原》曰:"汉使张骞始移植大宛油麻、大蒜、大夏芜荽、苜蓿、卞头、安石榴、西羌胡桃于中国。"《古今事物考》也称:"张骞使外国,得胡豆,今胡豆有青有黄者。"

　　这一时期引进的物产,有蒲桃(葡萄)、石榴、胡麻(芝麻)、胡桃(核桃)、胡豆(蚕豆、豌豆)、胡瓜(黄瓜)、西瓜、甜瓜、菠菜、胡萝卜、芹菜、茴香、莴苣、胡荽(芫荽)、胡蒜(大蒜)、胡葱(大葱)等。这些饮食原料和香料的传入,大大丰富了当时内地的食材品种,并增添了菜品烹调的口味。

　　不仅于此,西域还传入中原一些新的烹饪技法,做出如胡饼、馉饳、毕罗、胡饭等主食,史书对此也有记载。

　　胡饼,据刘熙《释名》解释,是一种形状很大的饼,或者是含有胡麻(芝麻)的饼,在炉中烤成,当时卖胡饼的店摊十分普遍。由于胡麻传自西域,故称该饼为胡饼。《缃素杂记》云:"有鬻胡饼者,不晓名之所谓,易其名曰炉饼。以胡人所啖,故曰胡饼。"据《资治通鉴·玄宗纪》记载,安史之乱,唐玄宗西逃至咸阳集贤宫时,正值中午:"上犹未食,杨国忠自市胡饼以献。"

　　所谓馉饳,蒋鲂《切韵》云,"馉饳,油煎饼名也",即油煎的面饼。慧琳《一切经音义》解释曰:"此油饼本是胡食,中国效之,微有改变,所以近代亦有此名。"

毕罗一词源自波斯语，是一种以面粉作皮，包有馅心，经蒸或烤制而成的食品。唐代长安有许多经营毕罗的食店，如蟹黄毕罗、猪肝毕罗、羊肾毕罗等。

胡饭并非米饭，它其实也是一种饼食。做法是将酸瓜菹长切条，与烤肥肉一起卷入饼中，然后切成两寸长的节段，蘸以醋芹食用。此外，如乳酪、羌煮貊炙、胡烧肉、胡羹、羊盘肠雌解法等闻名的烹饪方法，都是由西域传入中原的。

胡食中肉食的代表首推羌煮貊炙。"羌""貊"代指古代西北少数民族，煮和炙都是具体的烹饪方法。《太平御览》引《搜神记》云："羌煮貊炙，翟之食也，自太始以来，中国尚之。"

羌煮，据《齐民要术》记载，就是煮鹿头肉。即选取上好的鹿头煮熟、洗净，切成两指大小的块，再将猪肉砍碎熬成浓汤，加入葱白、姜、橘皮、花椒、盐、醋、豆豉等调好味，最后将鹿头肉蘸着调好的猪肉汤食用。

貊炙，《释名·释饮食》中释其为烤全羊和烤全猪之类，"貊炙，全体炙之，各自以刀割，出于胡貊之为也。"

《齐民要术》中记述了烤全猪的做法。首先，需取尚在吃乳的小肥猪，褪毛洗净，在其腹下开一小口取出内脏，再用

◎ 胡食貊炙

茅塞满腹腔，取柞木棍穿好，在表皮涂抹上滤过的清酒、鲜猪油和麻油，最后架于火上慢烤，边烤边不停转动猪体，使之受热均匀。烤好后，依照游牧民族惯常的吃法，大家各自用刀切割食用。烤熟的乳猪色如琥珀，外焦里嫩，汁多肉润，入口即化，独具风味。

胡食在汉代经过丝绸之路传入中国后，唐朝时发展至最

盛。和汉代一样,唐代也将域外之人统称为胡人,《新唐书·舆服志》说,"贵人御馔,尽供胡食"。

唐朝从西域引进的食品原料更加丰富,相应地带动了菜肴种类的增加。段成式在《酉阳杂俎》中,记载了胡椒这一引入的调味品:

"胡椒,出摩伽陀国,呼为昧履支。其苗蔓生,茎极柔弱,叶长寸半,有细条与叶齐,条上结子,两两相对,其叶晨开暮合,合则裹其子于叶中,子形似汉椒,至辛辣,六月采,今人作胡盘肉食皆用之。"

可见,"胡盘肉食"这道典型的胡味菜肴,已成为当时长安流行的名品。

在唐代之前,我国甘蔗产量虽然很多,但是并未掌握熬制蔗糖的方法。唐太宗派遣使者去摩偈陀国求得熬糖技法,熬制出了味道和色泽皆为上乘的蔗糖。蔗糖以及制糖工艺的引进,对于我国饮食生活具有特定的意义。

唐代汉族和各少数民族的相互交流,不断推进着饮食文化的融合和发展。这一时期,西部、西北部少数民族在和汉民族杂居的过程中,逐渐习惯并接受了耕作农业这一生产与生活方式,开始过上了定居的农业生活。而得益于胡汉民族的频繁交流,内地的畜牧业也有了较快的发展。

这种变化使得胡汉传统的饮食结构都发生了重大变化,"食肉饮酪"开始成为汉唐时期整个北方和西北地区胡汉各族的共同饮食特色。

歌舞胡家

唐代的长安作为当时的国际大都会,各国使节、官员、商贾云集,其中又以西域人居多,这使得胡食得以广泛流行。还有一些西域人侨居长安,以开设酒店饭馆为生,所制异域美酒和肴馔,深得人们喜爱。

当时开酒店的胡人被称为"酒家胡"。有不少文人喜欢去胡人的酒店宴饮,如李白、王绩、岑参、元稹、杨巨源等。

王绩人称"斗酒学士",极爱去胡家饮酒,他作有一首名为《过酒家》的诗:"有钱需教饮,无钱可别沽。来时常道贷,惭愧酒家胡。"

胡人酒家中的当垆女子多来自域外,大都年轻貌美,被唐人成为"胡姬"。胡姬不仅侍饮热情周到,最大的特点是能歌善舞,极富异域文化的浪漫情调,因而深得文人雅客的青睐。

◎ 胡人酒家

如好酒的李白就有多首诗作赞美胡姬,其《少年行》云:"五陵年少金市东,银鞍白马度春风。落花踏尽游何处?笑入胡姬酒肆中。"

还有《前有樽酒行》云:"琴奏龙门之绿桐,玉壶美酒清若空。催弦拂柱与君饮,看朱成碧颜始红。胡姬貌如花,当垆笑春风。笑春风,舞罗衣,君今不醉将安归?"

再有《白鼻騧》诗云:"白鼻騧银鞍,绿地障泥锦。细雨春风花落时,挥鞭直就胡姬饮。"

又有《送裴十八图南归高山》:"何处可为别?长安青绮门。胡姬招素手,宴客醉金樽……"

当时汉人所开的酒楼,妇女特别是年轻女子一般是不当炉的。当年卓文君以富商之女的身份下嫁司马相如,其父卓王孙并不同意。于是文君当炉卖酒,轰动成都,其父深以为耻,不得不分与财物,让她关掉酒肆,以免蒙羞。

唐代的胡姬不但当炉,而且大方洒脱,更加歌舞侍陪客人饮酒。胡姬所跳的胡旋舞是一类西域歌舞,充满胡地的野趣和激情。胡姬舞姿曼妙加之歌声优美,酒客也都兴致盎然,意趣蓬发,故而常赋诗句以描绘胡姬的浪漫风情。

杨巨源就有一首《胡姬词》,诗云:"妍艳照江头,春风好客留。当炉知妾惯,送酒为郎羞。香渡传蕉扇,妆成上竹楼。数钱怜皓腕,非是不能愁。"白居易也作有《胡旋女》一诗:"心应弦,手应鼓。弦歌一声双袖举,回雪飘飘转蓬舞。左旋右旋不知疲,千匝万周无已时。"可见酒家胡与胡姬歌舞,已成为唐代饮食文化的一个重要特征。

不止于此,胡家酒店的酒也别具特色,岑参曾有诗云:"胡姬酒炉日未午,丝绳玉缸酒如乳。"如"乳"般的酒,想必与汉人酿酒的原料和酿法皆有不同。唐代的胡酒有高昌葡萄酒、波斯三勒浆和阿富汗龙膏酒等。

据《册府元龟》卷九百七十记载,唐太宗时破高昌国,收马乳葡萄籽种植,并将葡萄酒的酿造方法引入长安,成功酿造出了八种色泽的葡萄酒,"芳辛酷烈,味兼缇盎。既颁赐群臣,京师始识其味"。

不久,京城的百姓也品尝到葡萄酒的甘醇美味,并由此产生出许多咏赞葡萄酒的唐诗。如王翰的《凉州词》:"葡萄美酒夜光杯,欲饮琵琶马上催。醉卧沙场君莫笑,古来征战几人回。"

三勒浆也是一种果酒,产自波斯,是用庵摩勒、毗梨勒、诃梨勒三种树的果实酿造而成。

龙膏酒产自阿富汗，苏鹗的《杜阳杂编》记之曰："顺宗时，处士伊祈元召入宫，饮龙膏酒，黑如纯漆，饮之令人神爽，此本乌弋山离国所献。"

饮酒之外，胡姬酒店的菜肴也别具特色，贺朝的《赠酒店胡姬》云："胡姬春酒店，弦管夜锵锵。红氍铺新月，貂裘坐薄霜。玉盘初鲙鲤，金鼎正烹羊。上客无劳散，听歌乐世娘。"

这里的"鲙鲤"是标准的中国菜，而"烹羊"就是典型的胡人食风了。

第二章

天下肴馔

第一节 主食

五谷之说

　　我国古代的饮食养生观在《黄帝内经》中多有体现,《黄帝内经·素问》提出了"**五谷为养,五果为助,五畜为益,五菜为充**"的观点。

　　这种饮食结构,一直沿用至今。其中,谷物为食物结构之根本,是供养身体的基础,果类为辅助,肉类为补益,蔬菜为充养。

　　"五谷"一词,始见于春秋战国时期。《论语·微子》曰:"**四体不勤,五谷不分。**"这里的"五谷"指的是五种粮食作物,但没有说明具体是什么。在此之前,《诗经》中也有过"百谷"之说。

　　在《礼记·月令》中,记载了西周天子于孟秋之月,

◎ 五谷

以新收获的五谷祭祀祖先，然后尝食新谷一事："是月也，农乃登谷，天子尝新，先荐寝庙。"

《荆楚岁时记》亦有记载："十月朔日……今北人此日设麻羹、豆饭，当为其始熟尝新耳。"此后，这种以五谷祭神的习俗便沿袭下来。

人们出于对自然的崇拜，想象冥冥之中有一位可以主宰五谷生长的女神，她就是"五谷神"，又名"五谷母"。

每年秋收完毕，五谷丰登之时，为了报答五谷神的恩德，便在十月十五这一天，用大米粉末制成扁担形状的供品，备上三牲，挑到刚刚收割过的土地上，焚香点烛，遥相祭拜。

关于"五谷"所指，有两种不同的说法。汉代郑玄注《周礼·天官·疾医》"以五味、五谷、五药养其病"，认为"五谷"是指麻、黍、稷、麦、豆。赵岐注《孟子·滕文公上》"树艺五谷，五谷熟而民人育"，认为"五谷"指稻、黍、稷、麦、菽。

这两种解释的区别在于"麻""稻"之别。麻虽然可供食用，但主要是用其纤维织布，谷所指应为粮食，因此后一种说法似为妥当。但以当时的社会状况而言，北方是经济文化的中心，稻属南方作物，在北方栽培有限，而此亦可作为有"麻"无"稻"之由。

"谷"原指有壳的粮食，谷字之音，就是从壳的音而来的。"五谷"之稻、黍、稷、麦、菽，分别指水稻、黄米、小米、大麦和小麦、豆子。"五谷"之说随着农业的发展，到了后来，便泛指粮食作物了。

《诗经》中就有相当比例的诗句写到过粮食作物，《国风·豳风·七月》中有这样的描述："九月筑场圃，十月纳禾稼。黍稷重穋，禾麻菽麦。"

不仅如此，反映农耕劳作的歌谣在《诗经》中也有所体现,描述了人们耕田、收获、采集、狩猎、割烹等情景。如《载芟》开篇九句:"载芟载柞,其耕泽泽。千耦其耘,徂隰徂畛。侯主侯伯,侯亚侯旅,侯强侯以。有嗿其馌,思媚其妇。"这说的就是集体劳作、除草耕田的画面。

由此可知,粮食作物在先秦时期人们饮食生活中的地位已经十分重要。至今数千年来,粮食作物依然是我国人民的基本饮食原料。

🍃 稻

传说中的"黄帝始蒸谷为饭,烹谷为粥"意味着,米饭在我国有着数千年的发展历史。

《史记·货殖列传》曰:"楚越之地,地广人稀,饭稻羹鱼,或火耕而水耨。"米饭在古时曾是长江流域百姓的主食,其做法十分多样,后来在不同地区、不同民族间有了广泛的传播和发展。如魏晋之时的青精饭、明代的包儿饭、傣族的竹筒饭、维吾尔族的手抓饭、南味名品八宝饭,还有做法不同的炒饭、泡饭、捞饭等。

◎ 稻

青精饭又名乌饭,相传为道家所创。明代李时珍《本草纲目》中记载了青精饭的做法:

"南烛木,今名黑饭草,又名旱莲草。即青精也。采枝叶捣汁,浸上白好粳米,不拘多少,候一二时,蒸饭曝干,坚而碧色,收贮。如用时,先用滚水,量以米数,煮一滚即成饭矣。此饭乃仙家服食之法,而今释家多于四月八日造之,以供佛。"

唐代陈藏器《本草拾遗》中总结其制法是取南烛茎叶捣碎渍汁,用其浸粳米,蒸熟成饭。把饭晒干后,再浸其汁,复蒸复晒。此般"九浸、九蒸、九曝"后,米粒紧小,黑若坚珠,久贮不坏。待吃时,用沸水煮一滚即成清香可口的饭食。每逢农历四月初八的"浴佛节",多有人家用乌饭树叶煮乌米饭,已成习俗。

粥者,古时称糜、饘、酏等,古人写作"鬻",乃"米与水成糜之稀者也"(《尔雅·释名·释文》)。《礼记·檀弓上》有云:"饘粥之食",《疏》云:"厚曰饘,稀曰粥"。所谓"饘"者,《正字通》释为"厚粥",可解为"稠粥"。

古人食粥起于何时未考,但《后汉书·冯异传》有"时天寒烈,众皆饥疲,异上豆粥"的说法,《晋书·石崇传》也有"崇为客作豆粥,咄嗟便辨"之说,可知食粥之俗已经非常久远。《礼记·月令》中也描述:"(仲秋之月)是月也,养衰老,授几杖,行糜粥饮食。"

汉代以后,粥品的种类日益丰富。据宋人吴自牧的《梦粱录》记载,南宋临安的早市点心,冬天卖七宝素粥,夏月卖义粥、豆粥和馓子粥。周密的《武林旧事》也记有临安市井食店卖五味粥、粟米粥、糖豆粥、糖粥、糕粥、馓子粥和绿豆粥等十多个品种。明清之时,粥品的种类繁多,清代的《粥谱》收有二百余种粥,粥中名品有梅粥、莲子粥、百合粥、燕窝粥、荠菜粥、鱼生粥等。

粥之益处众多,甚为世人所爱,其不仅口感温润,而且和暖脏腑,滋长肌力。宋代苏东坡对吃粥就很有兴趣,其书帖曰:"夜饥甚,吴子野劝食白粥,云能推陈致新,利膈益胃。粥既快美,粥后一觉,妙不可言也。"

"苏门四学士"之一的张耒曾经写过的一篇《粥记》云：

"每日清晨食粥一大碗，空腹胃虚，谷气便作，所补不细，又极柔腻，与胃相得，最为饮食之妙诀。"

"盖粥能畅胃气，生津液也。大抵养生求安乐，亦无深远难知之事，不过浸食之间耳。故作此（《粥记》）劝人每日食粥。勿大笑也。"

南宋诗人陆游对粥养也颇有心得，他的《食粥》诗写道："世人个个学长年，不悟长年在目前。我得宛丘平易法，只将食粥致神仙。"

麦

麦类作物作为主食原料，发源地是黄河流域和长江流域的广大地区。

战国时期，人们已经开始注意到大麦和小麦的区别，《吕氏春秋》就有关于"大麦"的记载。小麦的种植，早在先秦时期就已开始。

小麦和大麦的食用，最初与其他谷物一样是粒食的，史籍上有大量关于"麦饭"的记载。汉代时，史游的《急就篇》有"饼饵麦饭甘豆羹"的记载，可以看出麦的基本食用方法就是麦粒煮饭。颜师古注之："麦饭，磨麦合皮而炊之也；甘豆羹，以洮米泔和小豆而煮之也；一曰以小豆为羹，不以醢酢，其味纯甘，故曰甘豆羹也。麦饭豆羹皆野人农夫之食耳。"以麦粒煮饭，最为便

◎ 麦

捷,因此应急之炊常用此法。

后来宋代苏轼的《和子由送将官梁左藏仲通》一诗,也有"城西忽报故人来,急扫风轩炊麦饭"之语。

在烹制、食用麦饭的过程中,人们发现,由于麦粒坚硬,且有黏性,蒸煮不易软烂,因而也不易消化,于是渐渐便产生了粉食的制作方法。

小麦制粉工艺的出现,约在汉代时期,随之而来的是面食品种的增多,这一时期出现了馒头、面条、饼、包子、饺子等的初步形态,面粉的发酵技术也随之出现。可以说,谷物从粒食到粉食的过程,是古代烹饪史的一个重大进步。

"饼"在古代一直作为麦面类食品的总称。汉代刘熙《释名·释饮食》中解释说,"饼,并也,溲面使合并也"。由此可知,饼在汉代并没有一定形状和制作规范。颜师古注《急就篇》则有"溲面而蒸熟之则为饼,饼之言并也"的解释,即认为饼是蒸食的。

宋代黄朝英的《靖康缃素杂记》指出:"凡以面为食具者,皆谓之饼:故火烧而食者,呼为烧饼;水瀹而食者,呼为汤饼;笼蒸而食者,呼为蒸饼;而馒头谓之笼饼,宜矣。"此说按照烹制方法的不同,把饼又分为火烧而成的烧饼、水瀹煮成的汤饼、蒸笼蒸成的蒸饼和笼饼(即馒头)。烧饼之称一直保留至今,南方也叫作大饼。汤饼当时也叫煮饼,即面片汤。

面条的由来大约早于魏。在刘熙《释名》之"饼"中已提及"蒸饼、汤饼、蝎饼、髓饼、金饼、索饼"等饼类,并说是"皆随形而名之也"。照此说法,其中"索饼"有可能是在"汤饼"基础上发展而成的早期的面条。

《释名疏证补》云:"索饼疑即水引饼。"北魏贾思勰的《齐民要术》中,提到了"水引"与"馎饦"两种面食的做法:"细绢筛面,以成调肉(臛)汁,持冷溲之。水引,接如箸大,一尺一断,盘中盛水浸,宜以手临铛上,接令薄如韭叶,逐沸煮"及"馎饦:接如大指许,二寸一断,著水盆中浸,宜以手向盆旁接使极薄,皆急火逐沸熟煮。非直光白可爱,亦自滑美殊常。"

这两种面食均是将和好之面揉搓成细长条状,再以一尺或二寸的长度断开,放入盛好水的盆中,将之拉伸捻薄,再用沸水煮熟,成品光白晶亮,口感滑美。

菽

菽最初是我国古代豆类的总称,后来专指大豆。早在《诗经》中就有大量记载菽的文字:"中原有菽,庶民采之","采菽采菽,筐之筥之。"杜预注《春秋左氏传》中也有,"菽,大豆也。"

作为五谷之一,大豆在春秋战国时就已经成为日常的基本粮食之一,古籍中对其多有"豆饭""豆羹"等的记载。

在历史上,我国传统的大豆制品有豆芽、豆酱、豆浆、豆皮、豆腐等。其中,豆腐的出现,对于我国饮食文化有着特殊的意义。

对于豆腐最早的记载,见于五代陶谷所撰《清异录》:"日市豆腐数个,邑人呼豆腐为小宰羊。"豆腐之异称,还有"软玉"(苏轼诗)"藜祁""犁祁"(陆游诗)"豆脯"(《稗史》)"来其"(《天禄识余》)"菽乳"(《庶

◎ 菽

物异名录》)"没骨肉""鬼食"等。

明初学者叶子奇的《草木子》曰："豆腐始于汉淮南王刘安之术也。"李时珍的《本草纲目》也有"豆腐之法始于淮南王刘安"之说。一般认为,豆腐是淮南王刘安所创。

制作豆腐,首先要研磨泡豆,以制作豆浆,进而点制豆腐。根据点制方法的不同,豆腐分为北豆腐和南豆腐两大类。

北豆腐又称老豆腐,以盐卤(氯化镁)点制,颜色乳白,水分较少,味道微甜略苦。烹制菜肴宜用煎、塌、贴、炸等法或做馅,以厚味久炖为上。

南豆腐又称嫩豆腐,以石膏(硫酸钙)点制,颜色雪白细嫩,含水分高,味道甘美鲜滑。烹制时宜用拌、炒、烩、汆、烧等法或用以做羹。

豆腐的烹制方法,在古代食谱中多有记载,如司膳内人《玉食批》有"生豆腐百宜羹",《山家清供》有"东坡豆腐",《渑水燕谈录》有"厚朴烧豆腐",《老学庵笔记》有"蜜渍豆腐"等。

古往今来,用豆腐制作的菜肴达数千种,既有民间的家常菜,如"小葱拌豆腐""白菜炖豆腐"等,又有宴席菜。地方有名的豆腐菜肴有:四川的"麻婆豆腐",吉林的"砂锅老豆腐",北京的"朱砂豆腐",山东的"锅塌豆腐""三美豆腐""黄雀豆腐羹",山西的"清素糖醋豆腐饺子",河南的"兰花豆腐",上海的"炒百腐松",浙江的"砂锅鱼头豆腐",江苏的"镜箱豆腐""三虾豆腐",安徽的"徽州毛豆腐",江西的"金镶玉",湖北的"葵花豆腐",湖南湘潭的"包子豆腐",福建的"发菜豆腐""玉盏豆腐",广东的"蚝油豆腐",广西的"清蒸豆腐圆"以及素菜"口袋豆腐",孔府"一品豆腐"等。

有些地方甚至创制了专门的"豆腐宴"。此外,豆制品还可制成豆腐脑、豆腐干、冻豆腐等食用,皆是别具风味。

豆腐滋味清醇,营养丰富,物美价廉,易于加工。既可作为主食,也可烹制菜肴,冷热盘均可食用,荤素皆能搭配,因此在灶间用途广泛,深得百姓喜爱。

第二节 菜肴

六畜八珍

远古时代,人类祖先的所食之物主要是大自然中呈自然状态的食物。而火的发现,标志着熟食时代的来临。

新石器时代,自烹制工具的发明之后,产生了真正意义上的饮食文化。

夏商周时期是中国饮食文化发展的第一个高峰。随着生产力的发展,农业、渔业、畜牧业都具备了一定的生产规模和生产技术,各类食材产量丰富,品种繁多,人们的饮食生活也丰富多样。这一时期的饮食原料包括粮食作物、瓜果蔬菜、山珍野味、家畜水产等。

肉类食物虽然不是这一时期人们饮食的主要原料,但是在饮食结构中已经日显重要。肉类食物有野生和畜养两类,人们主要依靠狩猎和畜牧获得。

《周礼》中提到的走兽有麋、鹿、獾、野豕、熊、兔等；飞禽有鸿、鹑、鹊、凫等。家畜在《周礼·夏官·职方氏》中有"**河南曰豫州……其畜宜六扰**"之说，郑玄注"六扰"为马、牛、羊、豕、犬、鸡，这便是一般所说的"六畜"。

捕鱼业和水产养殖业在这一时期都有所发展，但水族类饮食原料依然比较珍稀，《诗经》中曾提到过鳣、鲤、鳏、鳖、龟、蟹等数十种。

这一时期瓜果蔬菜的种类也很丰富，其中既有野生，又有人工培植，而且不仅王室和诸侯有大规模的园囿，菜圃果园在民间也很普遍。

《诗经》的篇章中出现过数十种野生蔬果，如薇、荇、卷耳、蘩、蕨、桃、李、梅、

◎ 六畜之牛、犬、鸡

枣等。《尔雅》中也记载了二十余种人工培植的蔬菜，常见的有葵、藿、薤、韭、菘、荠等。

随着烹饪食材的发展，调味原料开始逐渐被人们发现并加以开发。咸味是最早被人们发现的味道，早在远古时候就已出现，后来又出现了酸、甜、苦、辛等味型，多有文字记载。

咸味的自然呈味原料有盐，人工调味原料有酱、醢（一种用肉腌制的酱）等；酸味的自然呈味原料有梅子汁等；甜味的自然呈味原料有枣、栗、饴（麦芽糖）、蜜（蜂蜜）等；苦味的自然呈味原料有豆豉等；辛味的自然呈味原料有椒、桂、姜、葱、蒜、辣椒、芥等。

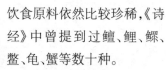

菜肴，又名肴馔、肴饲馐等，是佐酒下饭的荤菜与素菜的总称，多以煎、炒、煮、炸、蒸、烤等方法来制作。在我国五千年前出现的烤肉和烤鱼等食品中，就已经蕴涵了早期的菜肴烹饪技艺。

商周时期，菜肴的品种开始有了基本的定式，如炙（烤肉）、羹（肉菜制作成的浓汤）、脯（盐腌的干肉片）、脩（加姜桂等制作的干肉条）、醢（肉酱）、菹（整腌的鱼、肉或蔬菜）、齑（切碎的腌菜）、脍（生肉丝或生鱼丝）等。每一类菜肴又有若干品种，以醢为例，用猪、牛、羊、犬、鸡、兔、鹿、鱼、蟹等皆可制作。

在《周礼》的《天官·冢宰》中，首次出现了"八珍"一说："食医，掌和王之六食、六饮、六膳、百馐、百酱、八珍之齐。"《天官·膳夫》等篇中，也有相关记载："凡王之馈，食用六谷，饮用六清，羞用百二十品，珍用八物。"

这里的"八珍"，是为周天子烹制的珍贵的宴饮美食，史称"周八珍"，由二饭六菜组成，包括淳熬（肉酱油浇大米饭）、淳母（肉酱油浇黍米饭）、炮豚（煨烤炸炖乳猪）、炮牂（煨烤炸炖羔羊）、捣珍（烧牛、羊、鹿、獐的通脊）、渍（酒糟牛羊肉）、熬（牛肉干）和肝（烧烤肉油包狗肝）等八种美食。

"八珍"之外，《礼记·内则》中还记载了一种名为"糁"的烹饪方法的，做法类似于现在的煎肉饼或煎丸子。

"周八珍"是我国最早出现的一组名食。可以看出，周代的饮食开始重视对食材的加工，不仅对调味料的运用日趋熟练灵活，还特别讲究食材部位的选取、刀工的运用和制作的流程；在烹饪方法上，出现了挂糊、腌渍、风干等技术。

此外，这一时期对食物的制作标准有所提高，在要求食材新鲜的基础上，逐渐开始注重烹制的卫生。

煎炒烹炸

秦汉时期,菜肴的烹饪技术比先秦有了一定程度的发展。在炙类菜中,出现了北方少数民族的名品貊炙,即烤整只的猪或羊,食者各自用刀分而食之。

羹类菜的品种也大为增加,有用牛、羊、豕、豚、狗、雉、鸡、鹿、猴、蛇等制作的各类羹食二十余种。

脯类菜的制作技术亦有所提高,如《史记》中记载的一种汉代羊胃脯,做法是先煮熟羊胃,再加姜、椒、盐等腌制而成,很是有名。

这一时期还出现了一些采用新的烹制方法制作的肉食菜肴,如刘熙《释名·释饮食》中提到的,"鲊,菹也。以盐米酿鱼以为菹,熟而食之也。"就是说,鲊是用盐腌鱼之后,再加调料和米饭,拌和酿制而成。另如濯,是类似用涮或氽的方法制作的一类菜。

还有汉代著名的五侯鲭,烹制时将鱼、肉等原料混合烧煮,采用的是一种杂烩式的烹制方法。

秦汉时期菜肴的制作技艺有所提高。《淮南子·齐俗训》中曾有这样的描述:"今屠牛而烹其肉,或以为酸,或以为甘,煎熬燎炙,齐味万方,其本一牛之体。"这是说以牛肉为例,在选材上,这一时期已经认识到区分不同部位取料,采用煎、熬、燎、炙等多种烹调手法,制作出酸甜可口、味美鲜香的佳肴了。

魏晋南北朝是我国饮食文化的重要发展时期,菜肴的烹制手法精细,种类丰富,风味多样。

据记载,此时的菜肴烹制手法已经达到二十多种,主要有烧、煮、蒸、㶶、胚、腊、煎、消、绿、炙、腌、糟、酱、醉、炸、炒等,特别是出现了炒这种旺火速成的烹制方法,这对菜肴的进一步发展起到了推动作用,是我国饮食文化发展的一个重要事件。

据《齐民要术》记载,当时用以上烹制方法制作的菜肴多达二百种以上,其中的名品有鲊类的裹鲊、蒲鲊,脯类的五味脯、甜脆脯,羹类的猪蹄酸羹、鸡羹、兔臛,炙制的炙豚、楠炙、捣炙,蒸制的蒸熊、蒸鸡,煎制的蜜纯煎鱼、鸭煎,腊制的腊鸡、腊白肉,调味的八和齑等。

烹饪方法在这一阶段也有了深度发展。以炙为例,《齐民要术》中收录的炙的做法有二十余种,有的直接在火上烤,有的隔着铁器烤,有的用器具夹住在火上烤,还有的先将原料调味后再在火上烤。

烹制出菜肴也别具风味,如《齐民要术》中记载炙豚烤熟后,"色同琥珀,又类真金,入口则消,壮若凌雪,含浆膏润,特异凡常也"。

这一时期还出现了用几种烹饪制法组合而成一道菜的方法,如酸豚就是先将乳猪切片炒制,然后烂煮,再加多种调味品而成。

在《三国志·魏志·钟繇传》中记载:"魏国初建,为大理,迁相国,文帝在东宫,赐繇五熟釜。""五熟釜"是一种古炊具,釜内分格,可以同时煮制各味食物,据传这就是火锅的雏形。南北朝时候,"铜鼎"成了最普遍的器皿,也就是现今的火锅。演变至唐朝,火锅又被称为"暖锅"了。

这一时期的调味品种类繁多,常用的有豆豉、豉汁、酱、酱清、蜜、饧、盐、醋、葱、姜、椒、橘皮、蒜、胡芹、薤、苏叶、荜茇、酒等。菜肴的口味也因之多样起来,出现了咸、甜、辛、酸,以及糖醋、酸麻、辛香、咸甜等复合滋味。

另外，对菜肴造型的重视也是魏晋南北朝饮食文化的一个特点。此时出现了灌肠、肉丸、圆形鱼饼、烤肉圈等造型各异的食物。

金齑玉脍①

唐代菜肴烹制技术不断提高，烹饪的选料、刀工、调味、火候等方面都有所发展。

这一时期的文字记载中出现了一些名菜，如隋谢讽的《食经》和韦巨源的《烧尾宴食单》中记载的各种珍馐佳肴。

此外，各地也出现了不少佳肴，如长安有骆驼炙、脍鳢鱼、鲫鱼羹、野猪鲊、灵消炙、红虬脯等，扬州、苏州有金齑玉脍、糖蟹、蜜蟹、炸鳝鱼等，四川有甲乙膏等，广州有炸乌贼鱼、炙嘉鱼、炒耗、虾生、炸海蜇丝等，新疆有蒸全羊、整烤牦牛等。

唐代的食脍之风很盛，食脍饮酒成为一时风尚，脍的烹饪技术也得到了一定发展，因此，人们对于适合烹制脍的鱼料有了更为深入的认识。

晋代张翰的"莼鲈之思"流传后，人们一直认为鲈鱼是做脍的最佳选择，唐代时这种看法出现了改变。

唐代杨晔的《膳夫经手录》中说："脍莫先于鲫鱼，鳊、鲂、鲷、鲈次之，鲚鲦鲟黄竹五种为下，其他皆强为。"这讲的是，烹制鱼脍的选料以鲫鱼为最佳，鳊、鲂、鲷、鲈次之，鲚、鲦、鲟、黄、竹五种又次，其他的鱼便不大适用了，这是在长期实践中得出的结论。医学家孟诜在《食疗本草》中，从食疗养生的角度解释为："诸鱼属火，惟鲫鱼属土，而有补脾胃之功。"

---

① 齑：音"积"，是指调味用的姜、蒜或韭菜碎末。脍：是指切得很细的肉。

这一时期，人们除普遍食用鲜脍外，还发明了一种制作"干脍"的方法。

《太平广记》引用《大业拾遗记》的文字说，吴郡献给隋炀帝的贡品中，有一种鲈鱼的干脍，在清水里泡发后，用布包裹沥尽水分，松散地装在盘子里，无论外观和口味都类似新鲜鲈脍。再将切过的香柔花叶，拌和在生鱼片里，装饰上香柔花穗。洁白如玉的鲈鱼肉片，配上青翠欲滴的香柔花叶，再加上紫红色的香柔花穗，整个菜肴色味俱佳。

唐代史官刘𫗧著撰的《隋唐嘉话》记曰："吴郡献松江鲈，炀帝曰：'所谓金齑玉脍，东南佳味也'。"这道菜说的就是隋唐时期最负盛名的"金齑玉脍"。因其是用松江鲈鱼制成，江南人原称之为"松江鲈干脍"。

金齑玉脍的名称，最早出现在北魏贾思勰所著《齐民要术》一书中，在"八和齑"一节里，贾思勰详细地介绍了金齑的做法和七种配料，即蒜、姜、盐、白梅、橘皮、熟栗子肉和粳米饭。

干脍制作与保鲜技术的发明，在一定程度上使人们食用鱼脍不再受到时间和地域的限制。

当时高超的斩脍刀工，可以将这道菜的鱼片批得极薄。对此，杜甫和苏轼分别有诗句赞云："饔子左右挥双刀，脍飞金盘白雪高"，"运

◎ 金齑玉脍

肘风生看斫鲙，随刀雪落惊飞缕。"唐末诗人皮日休的《新秋即事三首》中也写道："共君无事堪相贺，又到金虀玉脍时。"

现在,金斋玉脍已泛指美味佳肴了。

炒作为一种烹饪方法,其对象极为广泛,无论是肉类还是蔬果,都可以加以炒制。而炒这一烹饪方式的普及,同时也极大拓展了菜肴烹饪的原料范围。这一阶段,炒菜在菜肴中所占的比重逐渐提高,炒制也最主要的日益成为最主要的菜肴加工方式,对人们的饮食生活产生着深刻的影响。

因为菜肴炒制之前常要将食材原料切成片、块、丁、粒等状,这一时期刀功技艺便随着炒菜的繁荣而发展起来,还出现了专门论述烹饪刀法的《斫脍书》。

🍃 南北风味

宋代是菜肴发展的一个高峰,菜肴的主要烹制方法都已具备,达三十种以上。

新出现或比前代有较大发展的烹制方法有炒、爆、煎、炸、撺、涮、焙、炉烤、爤、焐、焗、冻等。其中炒法又发展出生炒、熟炒、北炒、南炒等,与现在的方法已颇为近似。

随着烹饪方法的发展,这一时期出现了许多菜肴品种。据《东京梦华录》《梦粱录》《武林旧事》等书记载,北宋都城汴京、南宋都城临安市场上的菜肴五花八门,数以百计,有下饭菜类、羹汤类、粉类、干菜类、凉菜类等。

这时的烹调技术已很精湛,仅鱼的做法就有三十多种,羊的做法也有二十余种。《梦粱录》则载有小鸡元鱼羹、小鸡二色莲子羹、小鸡假花红清羹、四软羹等羹类,有数十种之多,大凡肉类、蔬菜类,皆可为羹。

宋代各色专门饭店很多,有卖羊肉酒菜的"羊饭店",卖各色点心的"荤素从食店",以卖酒为主、兼售添饭配菜的茶饭店,卖鹅鸭包子、灌浆馒头、鱼子、虾肉包子、肠血粉羹等的包子店等。

菜肴的风味流派也已经出现,其中比较突出的为北方菜、川菜、江浙的南方菜等。

餐饮业在两宋的繁荣发展,因地域和饮食习惯的不同,南北仍然有些许差别。如北宋开封的餐饮业大致包括酒楼、食店、饼店、羹店、馄饨店和茶肆等,而南宋临安则有茶肆、酒肆、分茶酒店、面食店、荤素从食店等。

宋代的饮食菜系也分为北食、南食和川饭三类,依照不同菜系,各有不同的饭店。如烹饪北方菜肴的"北食店",供应鱼兜子、煎鱼饭等南方风味的"南食店",卖插肉面、大燠面和生熟烧饭等为主的"川饭店"等。

特别值得一提的是"北食"中的羊肉,它在宋代菜肴中占有着举足轻重的地位。

许慎在《说文解字》中,认为"羊大则美","羊大"之所以为"美",是因为"羊大"好吃之故。《说文解字》解道:"美,甘也,从羊从大。羊在六畜,主给膳也。"而"甘"在《说文解字》中释为"甘,美也。从口含一"。"甘"本意为口中品含食物,表示一种味觉的感受。

北宋名相王安石也很爱吃羊肉,曾作《字说》解"美"字为"从羊从大"。宋代《政和本草》认为,食羊肉有"补中益气,安心止惊,开胃健力,壮阳益肾"等良效,羊肉与人参一样滋补身体,"人参补气,羊肉补形"。

羊肉成为宋代官场的主菜。宋人陈师道在《后山谈丛》中记述了"御厨不登彘肉"。曾任宰相的吕大防对宋哲宗赵煦说"饮食不贵异味,御厨止用羊肉",劝说皇帝不要贪图珍馐佳肴,而只能吃羊肉,并认为"此皆祖宗家法,所以致太平者"。既然食羊肉是祖宗的家法,那么便不可违拗。两宋皇室的肉食肴馔,几乎全用羊肉,而从不用猪肉。

据宋人魏泰的《东轩笔录》记载,宋仁宗特别"思食烧羊",甚至达到日不吃烧羊便睡不着觉的程度。尚书省在所属膳部下设"牛羊司",掌管饲养羔羊等,以备御膳之用,还设有牛羊供应所和乳酪院。御厨每年都会办理赏赐群臣烤羊的事务,这也成为宋代独创。

不仅官场流行吃羊肉,民间的酒店食肆里也有很多羊肉菜肴,供大众食用。《西湖老人繁胜录》中记载的羊肉菜品有羊头鼋鱼、翻羊事件、鼎煮羊、盏蒸羊、羊炙焦、羊血粉、入炉炕羊、美醋羊血等。《梦粱录》记载的两京食店中的羊肉名品,有蒸软羊、羊四软、酒蒸羊、绣吹羊、五味杏酪羊、千里羊、羊杂、羊头元鱼、羊蹄笋、细抹羊生脍、改汁羊撺粉、细点羊头、大片羊粉、五辣醋羊、米脯羊、糟羊蹄、灌肺羊、羊脂韭饼等。

当然,宋人虽极爱吃羊肉,但并非不食猪肉,特别是在南食中,还是以猪肉为主的。

🌀 满汉全席

元代时,少数民族菜肴发展得很快。在元代忽思慧所著的《饮膳正要》中,记载了许多蒙古菜、回族菜、畏兀儿菜和瓦剌菜等,食材上多选用牛羊肉及飞禽肉,采用烧烤或煮制的方法,烹制精细,富于民族特色。

元代时期,各地菜肴也出现了许多名品,如婺州(浙江金华)腊猪、江州(江西九江)腊肉、无锡烧鹅等,大都(北京)的烤鸭,也是在这一时期出现的。

据《饮膳正要》记载,烤鸭在当时被称为"烧鸭子",采用的是叉烧的烹制方法,将鸭子的内脏取出后,把羊肚、香菜、葱、盐拌匀,置于鸭腹内,用叉在炭火上烤熟。

明清时期的菜肴烹制更加多样。在宋诩的《宋氏养生部》中,收录的猪肉菜肴品种,包括烹猪、蒸猪、盐煎猪、酱烹猪、酒烹猪、酸烹猪、猪肉饼、油煎猪、油烧猪、酱烧猪、清烧猪、蒜烧猪、藏蒸猪、藏煎猪等二十余种。

这一时期,各地菜肴的风味流派已经形成。据徐珂《清稗类钞·饮食类·各省特色之肴馔》所述:"肴馔之有特色者,为京师、山东、四川、广东、福建、江宁、苏州、镇江、扬州、淮安。"

此处已经包纳了现今的几大菜系。其中的特色菜品包括北京的烤鸭、涮羊肉、满汉全席,山东的烧海参、扒鲍鱼、爆肉丁,四川的麻婆豆腐、绣球燕窝、清蒸肥坨,广东的鱼生、烤乳猪、蛇羹,浙江的火肉(火腿)、卷蹄等。

清代肴馔之集大成者,当属满汉全席。满汉全席原是清代宫廷举办筵宴时,由满人和汉人合做的一套全席,以北京、山东、江浙菜肴为主,后来又包含了闽、粤等地的菜肴。

满汉全席的菜品一般为一百零八道,其中南菜五十四道,包括江浙菜三十道、福建菜十二道、广东菜十二道;北菜五十四道,包括山东菜三十道、北京菜十二道、满族菜十二道。可谓天南地北山珍海味无所不包。

全席烹制精细讲究,食器富贵华丽,礼仪严谨庄重,要分三天吃完。乾隆甲申年间李斗所著《扬州书舫录》中记有一份满汉全席食单,是关于满汉全席最早的文字

◎ 满汉全席

51

记载。

满汉全席分为六宴，均以清宫著名大宴命名，即蒙古亲潘宴、廷臣宴、万寿宴、千叟宴、九白宴和节令宴。

蒙古亲潘宴是清朝皇帝为招待与皇室联姻的蒙古亲族所设的御宴。一般设宴于正大光明殿，由满族一、二品大臣作陪。历代皇帝均重视此宴，每年循例举行。而受宴的蒙古亲族更视此宴为大福，对皇帝在宴中所例赏的食物十分珍惜。

廷臣宴于每年上元后一日，即正月十六日举行，是时由皇帝钦点大学士，九卿中有功勋者参加，固兴宴者荣殊。宴所设于奉三无私殿，宴时循宗室宴之礼，每岁循例举行。

万寿宴是清朝帝王的寿诞宴，也是内廷的大宴之一。后妃王公、文武百官，无不以进寿献寿礼为荣，其间名食美馔不可胜数。

千叟宴始于康熙，玄烨帝席赋《千叟宴》诗一首，固得宴名，盛于乾隆时期，是清宫中规模最大、与宴者最多的盛大御宴，后人称其是"恩隆礼洽，为万古未有之举"。

九白宴始于康熙年间。康熙初定蒙古外萨克等四部落时，这些部落为表示投诚忠心，每年以九白（白骆驼一匹、白马八匹）为贡，以此为信。

节令宴是指清宫内廷按固定的年节时令而设的筵宴，如元日宴、元会宴、春耕宴、端午宴、乞巧宴、中秋宴、重阳宴、冬至宴、除夕宴等，皆按节次定规，循例而行。

作为满清宫廷盛宴的代表，满汉全席既有宫廷菜肴之特色，又汇集了地方风味的精华；既突出了满族菜点的特殊风味，如烧烤、火锅、涮锅等无一不缺，又显示了汉族菜肴烹调的特色，扒、炸、炒、熘、烧等烹制方法皆备。

可以说，满汉全席代表着中国饮食文化中菜肴文化的最高境界。

第三节 小吃

小食渊源

小吃，一般指正餐之外，用来消闲和点补的食品，古时也称"小食"。《搜神记》记载："管辂谓赵颜曰：'吾卯日小食时必至君家。'"《清稗类钞》的《饮食类·点心篇》中说："世以非正餐所食而以消闲者，如饼饵糖果之类，曰小食。小食时者，犹俗所称点心时也。苏、杭、嘉、湖人多嗜之。"

小吃是中国饮食文化的重要内容之一。小吃的由来源远流长，早在南北朝时期，人们的饮食生活中已存在常馔和小食之分了。

清人袁枚在《随园食单》的《点心单》一篇中说："梁昭明太子以点心为小食，(唐)郑嫂劝叔且点心，由来旧矣。作点心单。"宋人吴曾的《能改斋漫录》一书的"点心"项中亦云："世俗例以早晨小食为点心，自唐时已有此语。"他认为，点心和小食是同一个意思。

但实际而言，点心和小吃还是有些差别的。点心一般专指糕团饼饵、包子馄饨一类食品，小吃的范围就要广泛多了，有时一顿简单的风味便餐也被称为小吃。

◎ 各式点心

"点心"是正食前后的小食，取"小食点空心"之义。"点心"一词的出现，据考证是在唐代。唐代孙颌《幻异志·板桥三娘子》记述道："置新做烧饼于食床上，与诸客点心。"

元代陶宗仪的《南村辍耕录》中也有类似的说法："今以早饭前及饭后，午前午后晡前小食为点心。《唐史》：'郑修为江淮留后，家人备夫人晨馔。夫人顾其弟曰："治妆未毕，我未及餐，尔且可点心。"'则此语唐时已然。"这里的"点心"都是动词，本义是略进食物以安慰饥肠的意思。

到了宋代，点心成了一切小食的代称。如宋代吴自牧《梦粱录·天晓诸人出市》中说："有卖烧饼、蒸饼、糍糕、雪糕等点心者，以赶早市，直至饭前方罢。"周密的《癸辛杂识前集·健啖》也云："闻卿健啖，朕欲作小点心相请，如何？"

可见，宋代的"点心"已经成了名词，是各种小吃的总称，这一内涵一直沿用至今。宋代吴氏的《中馈录》中还出现了"甜食"一词，指甜点心。

元代的《居家必用事类统编》中出现了"从食"一词，特指饼类小食。在该书卷十二庚的"饮食类"中详细记述了湿面食品十四种、干面食品十二种、从食品十二种、煎酥乳酪品五种、造诸粉品（粉制食品）三种。由此可见，吃点心的习惯在当时已经十分普遍。

明清两代,烹饪技术有了很大发展,这一时期点心的制作工艺日趋完善。清人顾仲的《养小录》记载有"饵之属"(粉食类)十六种、"果之属"(果实类)二十四种、"粥之属"(粥类)二十四种、"粉之属"(用粉加工的食品)两种。

李石亭的《醒园录》中记述了清代特有的点心,如"蒸西洋糕法"和"蒸鸡蛋糕法",是采用西方的蛋糕制作技术,另外还有用"满洲饽饽法"制作的点心。

清代对点心的描述在很多文学作品中都有体现。如《儒林外史》第二回:"厨下捧出汤点来:一大盘实心馒头,一盘油煎的杠子火烧";第十回:"席上上了两盘点心——一盘猪肉心的烧卖,一盘鹅油白糖蒸的饺儿,热烘烘摆在面前。"

《红楼梦》的第四十一回也写有:"一时只见丫头们来请用点心……这盒内是两样蒸食,一样是藕粉桂花糖糕,一样是松瓤鹅油卷。那盒内是两样炸的。一样是只有一寸来大的小饺儿……那一样是奶油炸的各色小面果子。"

可以看出,那时被称为点心的小食种类多样,荤素不一,大都被统称以"点心"一词,而不再作具体交代。如《红楼梦》第五十四回说:"又命婆子拿些果子、菜馔、点心之类与他二人(鸳鸯、袭人)吃去。"

京城小吃

京城小吃已经流传了近千年的历史。对于京城小吃的记载较为全面的文字,有雪印轩主的《燕都小食品杂咏》等。

北京作为都城,先后有不同民族的统治者在此生活,因而京城小吃汇集了汉族、回族、蒙古族、满族等各族特色,并沿袭

◎ 京城小吃"萨其马"

了宫廷御宴风味。如回族的清真小吃，蒙古族以乳酪为原料的奶茶、以油面奶皮为茶的面茶、用汤煮糙米为饭的孩儿茶等。

在烹调方法上，也是煎、炒、烹、炸、烤、涮、烙各式齐全，融合了民族、民俗与地域特色。

明代都城的北迁，带来了南方稻米的种植技艺，和制作年糕的烹调方法，于是北京开始有了以米为原料的小吃制品，这一原料也为回族的清真小吃所采纳。

清代定都北京后，满族小吃也随之进入京城，其中最有名的满族小吃就是萨其马。萨其马是清代关外三陵祭祀的祭品之一，其制作要经切、码两道工序。

"切"满语为"萨其非"，"码"为"码拉木壁"，因此择其两个词音头取名"萨其马"，原意为"狗奶子蘸糖"，此名源于萨其马最初是用东北的一种形似狗奶子的野生浆果为辅料制成的。

萨其马的做法是，先把蒸熟的米饭放在打糕石上用木槌反复打成面团，然后蘸黄豆面搓拉成条状，油炸后切成块，再撒上一层较厚的熟黄豆面。

后来，人们用白糖代替熟豆面，就成了"糖缠"。清代富察敦崇的《燕京岁时记》中说："萨其马乃满洲饽饽，以冰糖、奶油合白面为之，形如糯米，用不灰木烘炉烤熟，遂成方块，甜腻可食。"

萨其马色泽米黄,口感酥松绵软,香甜可口,是著名的京式四季糕点之一。

还有一些有名的京城小吃,先是起源于清代的宫廷御膳,而后流入民间,如焦圈、豌豆黄、肉末烧饼、小窝头等。

焦圈是京城百姓喜爱的一种食品,其色泽深黄,形如手镯,焦香酥脆,传统吃法是烧饼夹焦圈,或喝豆汁就焦圈。

豆汁也是京城名食,《燕都小食品杂咏》云:"糟粕居然可作粥,老浆风味论稀稠。无分男女齐来坐,适口酸盐各一瓯","得味在酸咸之外,食者自知,可谓精妙绝伦。"这种吃法,是将炸得焦黄酥透的焦圈就着豆汁来吃,再配上老咸水芥丝酱菜,拌上辣椒油,口味独特。

豌豆黄是京城春夏季的应时小吃,按照北京习俗,农历三月初三要吃豌豆黄。据传豌豆黄原为回族民间小吃,后传入清代宫廷。其是将豌豆磨碎、去皮、洗净、煮烂、糖炒、凝结、切块而成,传统做法还要嵌以红枣肉。

清宫的豌豆黄,用上等白豌豆为原料,成品色泽浅黄、纯净细腻、香甜绵软、入口即化,因深得慈禧喜爱而出名。

《清稗类钞》的《饮食类·点心篇》中记述"京都点心"曰:"京都点心之著名者,以面裹榆荚,蒸之为糕,和糖而食之。以豌豆研泥,间以枣肉,曰豌豆黄。"

"以黄米粉合小豆、枣肉蒸而切之,曰切糕。以糯米饭夹芝麻糖为凉糕,丸而馅之为窝。窝,即古之不落夹是也。"

清真小吃也是京城小吃的主要部分。自唐代伊斯兰教传入中国始,到了元代,清真食品被大量引入京城。

清真小吃的手艺基本都是家族单传,各有独特的风味,字号也颇有特色,多以食品加店主姓的方式命名,如"羊头马"

"爆肚冯""年糕杨""奶酪魏"等。

据《燕京小食品杂咏》记载:"十月燕京冷朔风,羊头上市味无穷。盐花洒得如雪飞,薄薄切成与纸同。"这说的就是"羊头马"高超的操刀技艺。

清真小吃极大地丰富了北京小吃的口味和种类,并逐渐形成了以回民小吃为主的格局。

艾窝窝是传统的清真风味小吃。它形似雪球,口感黏软,凉爽香甜,十分可人。艾窝窝历史悠久,约出现于明代,明万历年间内监刘若愚的《酌中志》中云:"以糯米夹芝麻为凉糕,丸而馅之为窝窝,即古之'不落夹'是也。"

清代诗人李光庭在《乡言解颐》中记述了艾窝窝的做法:"窝窝以糯米粉为之,状如元宵粉荔,中有糖馅,蒸熟,外糁薄粉,上作一凹,故名窝窝。田间所食,则用杂粮面为之,大或至斤许,其下一窝如旧,而复之。"

据传,艾窝窝在明代深得帝后喜爱,故曾名"御艾窝窝",后传入民间,成了著名的清真小吃。民间曾有诗句云:"白粘江米入蒸锅,什锦馅儿粉面搓。浑似汤圆不待煮,清真唤作艾窝窝。"

京城本地的小吃,富有浓厚的地方民俗特色,各个年节都有不同的吃食,其中特别包含着对"食礼"的讲究。

如大年初一要吃"扁食",即水饺,以驱邪求福;正月要吃年糕,寓意年年高升;立春要吃春饼,并要从头到尾"咬春",意在留住春光、求得吉祥;正月十五要吃元宵,取意团圆美满;端午要吃粽子,凭吊爱国诗人屈原;中秋要吃月饼,祈愿人月团圆;腊八要吃"腊八粥",以庆祝丰收等。

🌀 南味北上

"糕"字最早见于汉代,许慎《说文解字》释为"糕,饵属"。"饵"即古老的糕饼之类的食品,早在《周礼·天官》中,就有"边人羞边之实,糗饵粉餈"之说。

所谓"糗饵",是将米麦炒熟、捣粉制成的食品;"粉餈",是用稻米、黍米之粉做成的食品,上粘豆屑。郑玄注为:"此二物(糗饵、粉餈),皆粉稻米、黍米所为也,合蒸曰饵,饼之曰餈。"由此可知,我国最早的糕点约源于商周时代。

"饽饽"一词始于元代。元世祖忽必烈定都大都(今北京)后,一些蒙古食品随之进入京城,市面上出现了以经营蒙古饽饽为主的鞑子饽饽铺。

明朝永乐帝迁都北平(北京)后,带来了南方糕点,又称南果,经营这种糕点的铺子称南果铺。清朝入关后,又带来了满洲饽饽。

清末民初以来,由于各民族饮食文化的长期融合,糕点的种类逐渐演化固定为满汉特色相结合的北方糕点,称"北案儿";南方糕点称"南案儿";清真糕点称为"素案儿"等。

以北京为例,北方、南方、清真三种不同的糕点风味,各自都有经营成熟的名号。据清代崇彝的《道咸以来朝野杂记》所述:"瑞芳、正明、聚庆诸斋,此三处,北京有名者。"

其中最早的是聚庆斋南果铺,开业于明天顺二年(1458年)。正明斋开业于清咸丰十年(1860年),原本经营满汉糕点,但其吸收了南果的长处,逐渐将南、北案相融合。祥聚公清真糕点铺开业于1912年,以配料讲究的"三个五"原则(用五斤香油、五斤白糖、五斤白面)而闻名。

这三家老字号集中在北京前门大栅栏附近,分别是南案、北案和素案的代表。

南方糕点一般源自江、浙、沪、闽、粤等地区,与北方糕点不同,南方糕点的口味更为清新细软。典型的南方糕点有梅花蛋糕、龙凤喜饼、重阳花糕、鲜藤萝花饼、太师饼、杏仁酥、椒盐三角酥、猪油夹沙蛋糕等。

此外,南果铺里也常卖一种"南糖",即桂林酥糖、桂花寸金糖、桂花芝麻片、花生酥、花生糖的总称。南糖始产于清代乾隆年间,以芝麻仁、花生仁、白糖为主要原料,具有香、甜、松、酥、脆的独特风味,是桂林的著名特产。

稻香村是南味糕点北上的代表。"稻香村"之名,原是长江中下游地区食品店常见的字号,《清稗类钞》有云:"稻香村所鬻,为糕饵及蜜饯花果盐渍园蔬食物,盛于苏。"

◎ 南味北上的代表"稻香村"

清光绪二十一年(1895年),南京人郭宝生在北京前门大栅栏开办了"稻香村食品店",经营南味糕点、糖果、肉制品等南味食品。稻香村创始以来,采用前店后厂、自产自销的经营模式,当时称此为"连家铺"。

稻香村生产的冬瓜饼、姑苏椒盐饼、猪油夹沙蛋糕、杏仁酥、南腿饼等在京城是初次露面。这些正宗精致的南方糕点深受京城百姓欢迎,稻香村名噪一时。关于稻香村的盛况,近人徐凌霄在《旧都百话》中描述道:

"自稻香村式的真正南味,向北京发展以来,当地的点心铺受其压迫,消失了大半壁江山。现在除了老北京逢年过节还忘不了几家老店的大八件、小八件、自来红、自来白外,凡是场面上往来的礼物,谁不奔向稻香村?"

稻香村的食品有"四时三节"之说,即春节的年糕、上元的元宵、端午的粽子和中秋的月饼。

稻香村食品的用料特别讲究正宗。核桃仁要山西汾阳的,取其色白肉厚,香味浓郁,嚼之回甜;玫瑰花要用京西妙峰山的,且还要带着朝露采摘,取其花大瓣厚,气味芬芳;龙眼用福建莆田的;火腿用浙江金华的等。

在烹制时间、火候掌控和食品造型上,也特别看重师傅的经验技艺,讲究"凭眼""凭手"。

后来,为创新产品特色,店主又从上海、南京、苏杭、镇江等地请来名师,相继推出了肉松饼、鲜肉饺、枣泥麻饼、酱鸭、筒鸭、肴肉、云片糕、寸金糖等风味独特的南食新品。

稻香村的糕点一时成了走亲访友的不二馈赠佳品,盛名远播。民国年间,稻香村在天津又开设了明记、森记、全记、源记、合记、福记等各号,带动了天津南味食品的发展。

糕点话旧

大体而言,我国的糕点以京式、苏式和广式为三大主流。除此之外,各地依照不同的物产和民俗,都自有特色浓郁的地方糕点,风味多样,种类繁多。

其中,具有代表性的糕点有造型多变、爽口酥松的扬式糕点,软糯香脆、甜而不腻的川式糕点,甜中带咸、咸中透鲜的宁绍糕点,以糯米为主料的闽式糕点,以及以松饼糕团为主的沪式糕点等。

苏州是我国古代的繁华之地,糕点制作历史悠久,早在宋代就形成了以苏州为中心的苏式糕点流派。宋人吴自牧的《梦粱录》的《荤素丛食店》载:"吴(苏州)越(杭州)本为一家,越与吴分野,风土大略相同。……市食点心四时皆有,任便索唤不误主顾;银炙饼、牡丹饼、开炉饼、甘露饼、蜜糕、镜面糕、乳糕、粟糕、枣糕……"这里共记有一百多个糕点品名,其中还特别记载了苏州常熟的糍糕。

明清时期,苏式糕点发展至鼎盛。在《姑苏志》等书中,记录了很多当时的苏点佳品,如麻饼、花糕、蜂糕、百果蜜糕、脂油糕、粉糕、火炙糕、三层玉带糕等。

到了清代,苏式糕点已发展至一百三十余种,在分类上也较为规范。

苏式糕点较为重视口味的醇厚甜美,糕品大都精巧细软,不少品种还贯以滋补的理念。

苏式糕点的选料也十分讲究,素来不用合成色素和香料,而是根据糕点的风味选用相应的果仁、果肉、果皮、花料等来增加天然的香味和色彩,如其馅料多用果仁、猪板油丁,调香则用以桂花、玫瑰等。苏式糕点的名品之最是苏式月饼和猪油年糕。

讲求与时令相配伍是苏式糕点的又一特色。苏地早有"春饼、夏糕、秋酥、冬糖"之说,据史料记载,苏式糕点的春饼近二十种,有酒酿饼、雪饼等;夏糕十余种,有薄荷糕、绿豆糕、小方糕等;秋酥近三十种,有如意酥、菊花酥、巧酥、酥

◎ 苏式糕点

皮月饼等;冬糖十余种,有芝麻酥糖、荤油米花糖等。

广式糕点是以广东为中心的糕点制作流派。广式糕点种类繁多,渊源庞杂,它以岭南民间小吃为基础,同时吸取北方各地包括宫廷面点的特色,再加之西式糕饼等烹制技艺发展而成。

广式糕点一般皮薄馅多,馅料多选用榄仁、椰丝、莲蓉、糖渍肥膘等,油润软滑,重糖重油重蛋。名品有杏仁饼、鸡仔饼、龙凤饼、老婆饼、马蹄糕、煎萝卜糕、皮蛋酥、白糖伦敦糕、淮山鲜奶饼、酥皮莲蓉包等。

广式糕点在唐宋时期就已初具规模,到了明清时期影响渐大,清代时已经出现了舂米行、糕粉行、面粉行和饼食行等各色分工。

清人屈大均的《广东新语·食语》之"茶素"篇中,记载了广州的煎堆、米花、沙壅、白饼、黄饼、鸡春饼、酥蜜饼、油柵、膏环、薄脆、粽子、重阳糕、冬丸、粉果、粉角等十多个点心品种的具体制作方法:

"广州之俗,岁终以烈火爆开糯谷,名曰炮谷,以为煎堆心馅。

"煎堆者,以糯粉为大小圆,入油煎之,以祀先及馈亲友者也。又以糯饭盘结诸花,入油煮之,名曰米花。

"以糯粉杂白糖沙,入猪脂煮之,名沙壅。以糯粳相杂炒成粉,置方圆印中敲击之,使坚如铁石,名为白饼。

"残腊时,家家打饼声与捣衣相似。甚可听。又有黄饼、鸡春饼、酥蜜饼之属。

"富者以饼多为尚,至寒食清明,犹出以饷客。寻常妇女相馈问,则以油柵、膏环、薄脆。油柵、膏环以面,薄脆以粉,皆所谓茶素也。端午为粽,以冬叶裹者曰灰粽、肉粽,置苏木条其中为红心。

"以竹叶裹者曰竹筒粽,三角者曰角子粽。水浸数月,剥而煎食,甚香。重阳为糕。

"冬至为米糍,日冬丸。平常则作粉果,以白米浸至半月,入白粳饭其中,乃春为粉,以猪脂润之,鲜明而薄以为外。茶蘼露、竹胎、肉粒、鹅膏满其中以为内。"

这段话可以大致看出广式糕点的制作特色。在原料上,广式糕点擅长米粉制品。上面说到的煎堆、米花、沙壅、白饼等,即炸元宵、油糍、糖糕、干糕等,几乎都是由米或米粉制成。

在工艺上,广式糕点的面皮和馅心都十分精致讲究。如粉果的面皮是先将白米浸泡半月,之后加米饭春成粉,再加入猪油拌润而成;而其馅心则采用了不大常见的蘼露、竹胎、肉粒、鹅膏等配料,极富地域特色。这样蒸熟的点心油光透亮,轻薄爽韧,色味俱佳。

广式糕点还有一个独特的风格就是中点西制,这与鸦片战争后西方饮食文化传入中国有关。西餐中的点心品种和制作技巧传入广州后,经本地面点师的吸收和改进,演变成为具有岭南特色的广式点心,如蛋挞、餐包、奶油曲奇、马拉糕等。

另外,以扬州和镇江为中心的扬式糕点也很著名。扬式糕点又称淮扬细点,多选用上等细粮、优质油脂、精制食糖和蛋品等作为主料,以芝麻、果仁、蜜饯、肉类、乳制品、松子等作为馅料,辅以桂花、玫瑰等天然香料,制成形态各异、风味不同的饼、糕、酥、片等品种,具有甜、软、糯、松、香、脆的风味特色。传统的扬式糕点有"小八件",其以豆沙、枣泥、椒盐、五仁、麻香做馅心,造型讲究,五味俱全。

从古至今,世界各地都有自己的传统小吃,特色鲜明,风味独特。小吃大都因地取材,因而反映着当地的物产风貌和社会生活,是饮食文化的一个重要部分。而作为一种故乡的味道,它所承载的人们的离愁与思念,流传了一代又一代。

第三章

席上五味

第一节 五味和五德

五味由来

古人的寻味之旅充满着生活的智慧。盐是我国先民最早发现的呈味物质，在远古时候，人们已经开始食盐。

相传夏禹时期就已经开拓了盐田。至商殷时代，盐便成了人们日常生活的基本调味料。

关于盐的由来，许慎在《说文解字》中释为："**卤也，天生曰卤，人生曰盐。**"所谓"天生"，从"盐"的字形便可读出，繁体写法"鹽"的上部包含着"卤"字。《说文解字》释"卤"为"**西方咸地也**"，就是西方盐泽之地天然析出的盐粒，故而"天生曰卤"；卤又经过滤煮加工结晶成盐，故有"人生曰盐"。

盐作为咸味唯一的呈味物质，被使用了相当漫长的一段时间。直到周代，才出现了另一种重要的咸味调料——酱。

《周礼》记载了天子祭祀或宾客用酱"百二十瓮"

◎ 古盐田

一事。

但周代的酱并非以今天的豆类为原料。《说文·酉部》释酱为"醢也,从肉酉"。汉代郑玄《周礼》注为"酱,谓醯、醢也"。所谓"醢",是一种用肉腌制的酱,既可调味,也可直接食用。这就是说,周代的酱,其实是肉酱和以酸味为主的醢这两类发酵食物的总称。

《尚书·说命》记有"若作和羹,尔惟盐梅",说的是用盐的咸味和梅子汁的酸味来调羹的味道。

梅子是最早作为酸味呈味物质的食物,梅子果实的汁液便是最早的天然酸味调料。对此,《左传》也有记载:"和如羹焉,水火醯醢盐梅,以烹鱼肉。"

大约到了汉代,又出现了以粮食为原料发酵而成的酸味调料——酢,即醋。《齐民要术》记录了当时醋的详细制法:

"七月七日取水作之。大率麦麲一斗,勿扬簸;水三斗;粟米熟饭三斗,摊令冷。任瓮大小,依法加之,以满为限。先下麦麲,次下水,次下饭,直置勿搅之。以棉幕瓮口,拔刀横瓮上。一七日,旦,着井花水一碗。三七日,旦又着一碗,便熟。"

甜味也是人类最早感知的味型之一,因其富有愉悦性的口感而为人们喜爱。在《礼记·内则》中有"枣、栗、饴、蜜以甘之"之说,这里"饴"指的是麦芽糖,"蜜"即蜂蜜。

《楚辞·招魂》有"胹鳖炮羔,有柘浆些"之语,"柘浆"指蔗浆,即甘蔗汁。麦芽糖、蜂蜜与甘蔗汁都是早期甜味呈味物质的代表。

到了后来,人们广泛采用机械方法来压榨甘蔗汁,压出的蔗汁又被加工成软体或固态的"饧",即糖。到唐代后,蔗糖的提纯工艺不断发展,"糖霜"——白糖便制作而成了。

作为五味之一,苦味也是人类的一种基本味觉。但苦味一般不用以调味,而是多见于日常饮品之中,如酒和茶。

一些天然的苦味植物,大多具有清热泻火的特性,也广为食养所用。《礼记》中提到苦味,认为是用豆豉的结果。《楚辞·招魂》写有"大苦咸酸,辛甘行些"。王逸注其为"大苦,豉也"。

此外,还有一类食物,其本身虽非味觉,但因伴有刺激性的挥发香味,可使人产生特殊兴奋的感觉,古人也列之为五味之一,即"辛味"。《说文解字·辛部》释为"辛痛即泣出"。

辛味的呈味物质很多,自先秦开始,文学作品中就有椒、桂、姜、葱、蒜、辣椒、芥等的记述,如《诗经·唐风·椒聊》有"椒聊之实,蕃衍盈升",《楚辞·离骚》有"杂申椒与菌桂"等。《吕氏春秋·本味》中的"阳朴之姜,招摇之桂",说的便是当时姜、桂(皮)中之名品。

有关"五味"之说,最早的记载是在先秦的典籍中,《吕氏春秋》有"仪狄始作酒醪,辨五味"之说,《世本》中也有"仪狄始作酒醪,变五味"的记述。

到西周以后,"五味"一说便频见于各种文献。这时人们已能从呈味物质中分辨出各种滋味,并大体上分之为"五味"。《周礼·天官·疾医》中记载:"以五味、五谷、五药养其病。"郑玄在注释这段话的时候,认为五味是指醯、酒、饴、蜜、姜、盐这五种物质,还不是现在的五味。

《周礼·天官》中说:"凡疗疡,以五毒攻之,以五气养之,以五药疗之,以五味节之。凡药,以酸养骨,以辛养筋,以咸养脉,以苦养气,以甘养肉,以滑养窍。"《礼记·礼运》中说:"五味、六和、十二食,还相为质也。"郑玄认为此处之五味是指酸、苦、辛、咸、甘。这样才明确了现在的五味——酸、苦、辛、咸、甜。

五味渐渐为人所识，"五味调和"的理论也由是而生。《吕氏春秋·本味》中有一段有关"五味调和"的精辟论述：

"调合之事，必以甘、酸、苦、辛、咸。先后多少，其齐甚微，皆有自起。鼎中之变，精妙微纤，……故久而不弊，熟而不烂，甘而不哝，酸而不酷，咸而不减，辛而不烈，淡而不薄，肥而不腻。"

古人认为，五味调和，首先是要超越单一的滋味，并融合多种味型，还要精准各味调料的顺序和入量，最终择取五味中间而用。

"五味调和"的理论，既表达了先人们烹饪实践的理论标准，也有趣地契合了传统儒家哲学的中庸思想，更蕴涵着中国文化对"和"的审美追求。

☙ 五味比德

中国食文化五味的提出，在一定程度上是基于中国传统文化中的五行学说的。

五行学说认为，世界是由木、火、金、水、土这五种基本物质构成的。五行的"行"字，便是"运行"之意，故五行中包含着变动运转的观念，即五种基本物质相生相克，周而复始，宇宙万物的结构关系和运动形式都与这五种基本物质息息相关。

人体本身即一个宇宙，五行学说将人体宇宙与外部世界的关联，界定为肝对木，心对火，肺对金，肾对水，脾对土。就天地而言，方位与五行又被配属为东对木，南对火，西对金，北对水，中对土。以四时而言，季节与五行相对应为春对木，夏对火,秋对金,冬对水,季夏对土。

所谓"五德",这里指的是五行的属性,即水德、火德、木德、金德和土德。对于五德的解释,《尚书·洪范》中有记载:"五行:一曰水,二曰火,三曰木,四曰金,五曰土。水曰润下,火曰炎上,木曰曲直,金曰从革,土爰稼穑;润下作咸,炎上作苦,曲直作酸,从革作辛,稼穑作甘。"这里指出了"五德""五行""五味"之间的配属联系,即咸配水德,苦配火德,酸配木德,辛配金德和甘配土德。

咸味在五味之中产生最早,也是饮食烹饪的根本滋味。在传统中医的理论实践中,咸有着软坚散结的功效。

上文所引"水曰润下,……润下作咸",就是说水德具有寒凉、下行、滋润的特质。以咸味比水德,因为咸味与水德化解的作用是相若的。

在五味中,因口感生涩,苦味很少被用以菜肴调味,而多是存在于饮料或植物性食物天然的滋味中。

除天然植物外,在古代饮食里,最具苦味的典型之物就是酒。郑玄注《周礼·天官》认为"酒则苦也"。上文所引"火曰炎上,……炎上作苦",是将火德炎上的特质,与酒浆温热的品性相互观照。

"木曰曲直,……曲直作酸",此处的"曲"同"麴",说明酸产生于一种发酵物,因而可以开胃生津。与此相应,木德代表生长、舒畅之意,所谓酸配木德。《礼记·月令》说"春三月,其味酸",春天万物生发,人体舒展条

五行	金	水	木	火	土
五色	白	黑	青	红	黄
五脏	肺	肾	肝	心	脾
五窍	鼻	耳	目	舌	口
五志	忧	恐	怒	喜	思
五味	辛	咸	酸	苦	甘
五气	燥	寒	风	暑	湿

◎ 五味与五行

达，此时多进酸味正可健胃开食。

辛在五味中比较特殊，它虽不是可以品出的滋味，却可以挥发出香味。与其他四味相对温和的口感不同，辛天然具有一种干脆刺激的烈性。"金曰从革，……从革作辛"说的是金德的肃杀、变革之性，在五味中，唯有辛之烈性可与其匹配。

五行方位之中，土德居于中心。所谓"爱稼墙，……稼穑做甘"，被注为"甘味生于百谷"。"百谷"就是粮食，五谷为养，是人类生存的基本需求，这与土德生化、承载、受纳的特质十分相似。而且，与土德居中的地位相应，甘味在饮食烹调中除了可以调味外，也有着中和的作用。比如，菜肴若咸味过重，稍放些糖就可以减轻咸度；在滋味浓重的菜中略放些糖，也可起到调和、提鲜的效果。

其实，源于五行学说的五味比德论，既有合理性，也存有附会之处。其较有意义的价值，在于对自然世界万物结构与存在关系的探索。

在传统中医理论中，参照五行学说，五味对于五脏也有所配属。《素问·至真要大论》中说："夫五味入胃，各归所喜。故酸先入肝，苦先入心，甘先入脾，辛先入肺，咸先入肾。"这就是说，对于人体而言，酸与肝、苦与心、甘与脾、辛与肺、咸与肾是一一相配的。

又根据五味与四时的对应关系，《周礼·天官》提出了相应主张："凡和，春多酸，夏多苦，秋多辛，冬多咸，调以滑甘。"这是告诉人们，随着四季流转，在饮食上要相应变化，春天多吃一些酸味的食物，夏天多吃一些苦味的食物，秋天多进辛味，冬天多食咸味。这样可以顺和自然，颐养身体。

🌀 伊公说味

《老子·六十章》说:"治大国,若烹小鲜。"这句话在中国传统政治思想中有着重要的地位,融会了老子"道法自然"的主张。

"小鲜"即小鱼,老子在此比喻为政要安静无扰。清静无为,便可相安无事。借饮食以喻政,是古代中国的一个传统。

《吕氏春秋·本味》篇中,就记载了一段著名的"伊公说味"的论政。

伊公即伊尹,商朝辅国宰相,伊为姓,尹为官名。

伊尹初到商国时,成汤在宗庙为他举行除灾祛邪的仪式,点燃苇草以驱除不祥,杀牲涂血以消灾辟邪。次日上朝,君臣相见,伊尹与成汤说起天下最好的味道。成汤问伊尹是否有

办法可以制作各味调料,伊尹回答说,君的国家小,不可能都具备,如果得到天下、当了天子就可以了。

在伊尹看来,作为饮食原料的动物,以其气味可以分为三类:生活在水里的味腥,食肉的味臊,吃草的味膻。尽管它们原来的气味都不好,但都可以做成美味的佳肴,关键是要按照不同的烹饪方法。

菜肴要以酸、甜、苦、辣、

◎ 伊尹像

咸五味和水、木、火三材来烹调。鼎中多次沸腾和变化,都要靠火候来调节,有时要急火,有时要文火,便可灭腥去臊除膻,转臭为香。只有这样才能不失去食物的品质,烹出美味。

调味的学问,在于甘、酸、苦、辛、咸五味的巧妙配合。加入调料的先后顺序和用量的多少,都是有讲究的,剂量的差异也是很微妙的。而这种精微的变化又难以用语言表述清楚。

若要准确地把握食物精微的变化,还要考虑阴阳的转化和四季的影响。这样才能使菜肴成为久而不败、熟而不烂、甜而不过、酸而不酷、咸而不涩、辛而不烈、淡而不寡、肥而不腻的美味。

然后,伊尹以肉、鱼、蔬菜、调料、谷、水、果为类列举出了数十种天下的美味。"**天子成则至味具**"是这篇宏论的主旨。因为这些美味中没有任何一种产在商朝所在的亳地,所以,伊尹强调不先得天下而为天子,就不可能享有这些美味。

而天子不可强为,必先行道义。成道者,不在他人而在自己,自己成就了道义便可做成天子。天子行仁义之道以化天下,太平盛世自然就会出现。

"伊公说味"的论政很为后人称道。尤其是其中提出的"三材五味"论,已经在食材选料、火候、调味等方面形成了系统化的烹饪理论体系,标志着中国早期阶段食文化的新高度。

伊尹被后世称为"烹饪之圣",其中既包含着对其精辟食论的赞赏,更是向其精深食道的致敬。

第二节 食物和身份

百姓理想

《战国策》里记载了这样一个故事：

齐国有个叫冯谖的人，托人向孟尝君表示希望成为其门客，孟尝君在了解了冯谖并没有什么特殊才能的情况下，仍然接受了他。

孟尝君身边的人以为此人无足轻重，便以"草具"的规格安排他的伙食。所谓"草具"，古人有两种解释，指粗糙的蔬菜，或普通的蔬菜。这两个意思其实可以通用，因为在过去没有肉的菜便不算是精致的。

冯谖吃了几天以后，就靠在柱子上，敲着长剑，唱道："长剑啊，我们还是回去吧！没有鱼吃啊！"人们将此事报与孟尝君，孟尝君说："给他鱼吃吧，将他等同于门下之客。"

由此看来，在孟尝君门

◎ 冯谖像

下，客人是分等级的，而区分等级的一个主要标志就是食物。蔬菜等级是最低的，也是平民的日常菜肴，而高一级的就是鱼，比鱼又高一级则是肉。

孟子在游说齐宣王时，设计了一个理想社会的蓝图："五亩之宅，树之以桑，五十者可以衣帛矣。鸡豚狗彘之畜，无失其时，七十者可以食肉矣。"

古人尊老，而将"七十岁的老人可以吃肉"看作是一个社会理想，可见吃肉是上古时期一个很高的等级标志。

贵族排场

孟子所说的七十岁才可以吃肉，只是对一般的平民而言，贵族则是无餐不肉的。古代贵族的饮食等级主要是靠数量和类别来区分。

《周礼·天官·膳夫》中说天子进餐时，"食用六谷，膳用六牲，饮用六清，羞用百有二十品，珍用八物，酱用百有二十瓮。"其中，六谷是指稌、黍、稷、粱、麦、苽六种主食；六牲是指马、牛、羊、豕、犬、鸡六类肉食；六清是指水、浆、醴、（西京）、（臣殳酉）、酏六种饮料；羞是指有滋味的食物，是将牲、禽兽进行加工所成。八珍是指淳熬、淳母、炮

◎ 贵族官宴（汉代画像）

豚、炮牂、擣珍、渍熬、肝膋，它们都通过复杂程序或稀少材料制成的珍肴；酱是指调味料。

由此看来，天子的平常饮食，也是应有尽有，而且为世人所罕见。

在宴会场合，这种等级秩序就更为明显。据《仪礼·公食大夫礼》记载，天子或诸侯在宴请上大夫时，有八豆、八簋、六铏、九俎、鱼腊二俎，并有二十味庶羞之外，另加雉、兔、鹑、鴽。在宴请下大夫时则各减两项。

显然，食物等级是社会等级的投影，天子、诸侯、大夫们严格的食物等级安排，已经远远超出人的自然需要，而成为一种政治形态。

实际上，饮食在周朝并不仅仅是口腹之欲，也不只是娱乐，它本身就是礼仪的一部分，要显示人间的秩序和价值标准。因此，它必然要体现出礼乐文化的本质特征，也就是有等级差别的礼仪性。

在历史的早期阶段，食物是人们最为重要的消费对象。因此，以食物作为身份和地位的标准是非常正常的现象。

《左传》中曹刿称贵族为"肉食者"，孟子鄙夷所谓"食前方丈"的大丈夫，汉代主父偃所说"丈夫生不五鼎食，死即五鼎烹耳"等，都说明了饮食中所包含的社会等级的信息。

当然，随着社会的发展，物质材料的丰富，饮食习惯也会产生变化。根据《盐铁论·散不足》所述，到西汉中期，古代的饮食习惯有了很大的突破，无论是食材、食具、饮食方法还是饮食市场，都不同以往。比如，书中是这样描述当时社会的肉食状况的：

"古者，庶人粝食藜藿，非乡饮酒脀腊祭祀无酒肉。故诸侯无故不杀牛羊，大夫士无故不杀犬豕。

"今闾巷县佰。阡伯屠沽，无故烹杀，相聚野外。负粟而往，挈肉而归。

"夫一豕之肉,得中年之收,十五斗粟,当丁男半月之食。"

由此看来,古来的饮食习俗,尤其是那些有着明显地位标志的限制,都被逐层突破。而饮食等级的区分主要已不在食材,而在于规模和食器了。

如汉代宫廷中设太官、汤官、导官负责皇帝的"膳食""饼饵""择米",各官下又有多种丞,各司其职。《三国志·魏书·卫觊传》云:"天子之器必有金玉之饰,饮食之肴必有八珍之味。"可见天子之食的等级特点已转到排场之上了。

🌸 天子气派

据《武林旧事》卷九载,绍兴二十年(公元 151 年)宋高宗幸临清河郡王张俊宅第,张俊于开筵前供奉的果品、香药近百种,下酒馔品十五盏。

第一盏,花炊鹌子等;第二盏,奶房签等;第三盏,羊舌签等;第四盏,肫掌签等;第五盏,肚胘脍等;第六盏,沙鱼脍等;第七盏,鳝鱼炒鲎等;第八盏,螃蟹酿枨等;第九盏,鲜虾蹄子脍等;第十盏,洗手蟹等;第十一盏,五珍脍等;第十二盏,鹌子水晶脍等;第十三盏,虾枨脍等;第十四盏,水母脍等;第十五盏,蛤蜊生等。

◎ 《紫光阁赐宴图》清姚文瀚作

并且,还有七种插食,及劝酒果子十种等。这样的宴席可谓丰盛至极。

对于陪同皇帝来访的官员，则分成三等接待。第一等是太师尚书左仆射同中书门下平章事秦桧等，第二等是参知政事余若水等。此下还有第三等、第四等和第五等，他们的饮食各有差别，皆不相同。

及至明清时期，帝王饮食更为铺张。据《明史·食货志》载，英宗所用，可谓竭尽奢华："膳食器皿三十万七千有奇，南工部造金龙凤白瓷诸器，饶州造朱红膳盒诸器。"

而清朝的后宫则有着可能是世界上最庞大的饮食管理和制作机构——"御茶膳房"。御茶膳房由茶房、清茶房和膳房三部分组成。膳房又分为内膳房和外膳房，内膳房下设荤局、素局、点心局、饭局、挂炉局和司房等。

此外，还有一个"掌关防管理内管领事务处"，下设官三仓、恩丰仓、内饽饽房、外饽饽房、酒醋房、菜库等，皆是为帝后饮食服务的机关。

如此庞大的饮食场面，其所要展示的，恰是皇帝至高无上、万众景仰的等级秩序。

以饮食内容、排场所构成的等级，也往往受到各种形式的挑战。比如西晋时期的何曾，位列三公，日食万钱。何曾每次赴晋武帝的御筵，都只吃自己带的由家厨烹制的食物，而不肯用皇家的膳食，晋武帝也只能由他。其子何劭官至太子太师，饮食排场更甚其父，每饭"必尽四方珍异，一日之供，以两万钱为限"，人皆以为何劭自家宴席超过了皇家御膳。

这在一定程度上突破了既有的饮食等级秩序，是对皇帝权威的一种挑战。但晋武帝本人就是个非常奢侈之人，何曾父子在饮食上的极端靡费和讲究，恰恰符合晋武帝的欣赏心理，故能被其所容忍。

又如明朝开国皇帝朱元璋,出身布衣,深知稼穑之艰,"御膳亦甚俭,唯奉先殿日进二膳,朔望日则用少牢"。也就是说,平时每日两顿饭,只有到初一、十五才吃猪羊肉。这种节俭也是不符合饮食礼仪的,所以皇帝本人也坚持不了多久。

据《大政纪》载,洪武二十七年(公元 394 年),朱元璋命工部在京城建了十五座大酒楼,交由民间经营,赐钱给百官前往宴饮。这些酒楼非为朱元璋所用,却反映出他对奢侈饮食的向往。

第三节 席上礼节

古乡饮酒礼

《礼记·礼运》云:"夫礼之初,始诸饮食,其燔黍捭豚,污尊而抔饮,蒉桴而土鼓,犹若可以致其敬于鬼神。"

人类礼仪,源于宗教中对鬼神的祭祀仪式,而祭祀鬼神首先要取悦鬼神,最主要的方式就是供奉饮食。所以说,礼仪起始于饮食。

从宗教仪式到聚族而居,再到政治活动,宴饮在中国早期的社会构成中所起的作用是十分重要的。而无论是天人关系、宗族关系、姻亲关系、君臣关系、友朋关系,都能通过特定的宴饮活动得以展示和加强。

　　饮宴，是中国社会礼节中最为重要的一环，有着丰富的表现形式和内涵。在《周礼》《礼仪》《礼记》中，多处谈及宴饮需遵守的礼节。从君臣、长幼、主客的座次，是否用乐，用着先后到相互敬酒的规矩；从菜肴酒饭的顺序、菜肴和醯酱的摆放位置到残席的收拾。尤其是举丧期间的各种饮食规矩，应有尽有，由此不难看出古人对宴饮中礼仪行为的重视。

　　诸侯之乡学，三年一次大比，选出贤能之人进献给国君，乡里大夫要将这些人才当作嘉宾，举行宴会，称为乡饮酒礼。

　　这个礼仪的程序非常复杂。首先，乡大夫与乡中退职的老人共同商量，将人才分为"宾"和"介"两等。此后就是主人与宾、介之间进行的召引、登堂入座、陈设酒肉、往来拜谢、祭酒肉、劝酒等复杂仪式。等到酒酣之时，开始为乐工设座席，表演开始。

　　表演有乐工（通常是盲人）四人，鼓瑟二人，还有两名搀扶乐工的相，各依特定的位置出场。乐正先自西边出来，接过相递来的瑟。

　　接着，乐工唱《鹿鸣》《四牡》《皇皇者华》。唱完后，主人为乐工敬酒、献肉脯。乐工也遵循着复杂的饮酒仪式，和主人相互答拜。

　　这时，演奏笙的人来到堂下，击磬的人立于南方面朝北，主人再次敬酒。于是唱《鱼丽》、吹奏《由庚》；唱《南有嘉鱼》，吹奏《崇丘》；

◎ 古人饮酒图

唱《南山有台》，吹奏《由仪》。

最后是合乐，就是所有的乐器、歌者都加入进来，合奏合唱。曲目有《周南》中的《关雎》《葛覃》《卷耳》，以及《召南》中的《鹊巢》《采蘩》《采蘋》。结束时，乐工报告乐正说："正歌完毕。"乐正再报告给宾。

于是，主客再次祝酒，等到酒足饭饱之后，主人撤去案席，穿上鞋子，互相揖让，然后回到座位上。主人命人进上狗肉等食物，以示敬重，直到宾、介等起身告辞，乐工再次奏乐，主人送宾出门。

但宴饮并没有就此结束，次日，宾还要拜谢主人，会有新一轮的饮酒。其仪式不如前日严格，气氛也较为轻松，饮酒和音乐都不再限定次数，食物也较随便，赴宴的人还可以带亲友同来。

这一套乡饮酒礼要进行两天的时间，繁文缛节，极其精致。其中所包含的精神要义，远远超过了人们对饮食，甚至是对和睦亲密的要求，对养成贵族人格、行为方式及礼仪精神有着重要的意义。

这样的饮食礼仪，在先秦以及在以后的贵族和官僚文化中，一直流行着，只是繁简程度有别罢了。

家庭饮食礼

朝廷、官衙、乡学等场合中饮酒聚食本就是礼仪行为，所以有着各种各样的礼节规矩。

中国古代社会家国一体，一脉相承，所以各类礼仪也会影响到家庭中的饮食行为。《淮南子·泰族训》中说："家老异饭而食，殊器而享。子妇跣而上堂，跪而斟羹。非不费也，然而不可省者,为其害义也。"这就是说,家中的老人要单独准备饮食和餐具,儿媳妇要脱鞋上堂,跪着为老人斟羹汤。这样做虽然有些苛刻,但不能减省,否则就会败坏道义。

由此看来,古人认为家中的食礼,也是道德伦常之义理的体现,故不可简易。

在日常饮食中特别尊重老人,这在古代是一个非常重要的伦理观念。二十四孝中的"鹿乳奉亲""拾葚异器""卧冰求鲤"等,都是关于以食物供奉父母的故事。因此,利用日常饮食礼仪培养尊老意识,就是理所当然的了。

同样,夫妇关系也是社会伦理中一个重要方面,同居一室的夫妇伦理,在饮食礼节中亦有所体现。

东汉人饱学之士梁鸿,先在朝中做一个低级官员,后辞官归乡隐居,娶孟光为妻。为了躲避朝廷征召,夫妇俩迁居至吴地(今江苏苏州),住在大族皋伯通家的廊屋中,靠梁鸿给人舂米过活。

梁鸿每次回到家中,孟光都准备好食物,不敢抬头仰视,而是将食案举至双眉,献给梁鸿。皋伯通见此深为感动,便为梁鸿夫妇换了好房子居住。

"举案齐眉"是古代夫妇之间的一种常见礼节,它体现了夫为妻纲的旧伦理原则。

◎ 宋代壁画《夫妻对坐宴饮图》

敬老和尊夫,显示了传统社会尊卑有别的秩序,而这种秩序也是通过饮食礼节来传递给儿童的。

清人张伯行《养正类编》卷三引屠羲英《童子礼》中指出，凡儿童进呈食物给长辈，先要拂拭几案，然后双手捧食器，置于几案上，器具必干洁，看蔬必需按顺序排列。视长辈所喜爱并吃得多的，移近其前，长辈让休息，则退立于一旁。如长辈让一起吃，则揖而就席，吃时要时刻注意长辈的动向。长辈未吃，不敢先吃；长辈将要吃完，应该比长辈先吃完，等到长辈将餐具放在几案上，也要跟着一起放下。长辈吃完后，则前去撤席。

由此可以看出，礼节在家庭饮食中也是十分重要的，并且依照辈分各有规矩。虽然朝代、地域、贫富不同，各种规矩的细节会有所变化，但尊长这个原则，是不可违背的。

宴饮待客礼

以饮食待客是传统礼仪的重要内容。上古礼书，如《周礼》《仪礼》《礼记》中，都记有各类仪式和日常生活中的饮食待客之道。

这些规矩对后世有着极大的影响，甚至今天的一些酒桌礼节或习惯，都能溯源至这些远古的礼书。

这些宴饮待客的礼节众多，不胜枚举。如餐具和看馔的摆放要按特定的规则，饭食要置于客人左边，肉汤则放在右边；醯酱、酒水要放在客人近前，而葱末等有味的杂料可放远一点。

尊　罍　甂　壶
卣　盉　觚　鲜
爵　角　斝　鸟兽尊

◎ 古代饮酒器

有些菜肴还要注意放置的方向,如上鲜鱼时,要将鱼尾对着客人,便于客人从尾部剥离出鱼肉;而上干鱼时,则要将鱼头对着客人,因为干鱼前端的肉更易于剥离,甚至鱼肚鱼背的左右朝向在不同的季节都有不同的讲究。

这些礼节主要是从方便客人的角度出发,由此可以体现主人的细心。

仆从上菜时,应尽量避免大口喘气,在回答客人问话时,要将脸侧向一边,避免呼气影响菜肴和客人。

主人要引导客人入席,在陪伴长者饮酒时,必须起立,离开座位面向长者拜谢,而且还不能先于长者将杯中酒饮尽。

有长辈在席时,年轻者要先吃几口饭,尝尝生熟软硬,但又不能先吃完,要等长辈放下碗筷后才能放下自己的碗筷。如果是水果之类,则要让长辈先行进食。

以上待客之礼,不但能够体现出对客人的尊重,还兼顾饮食卫生及进食的方便,所以直到现在依然流行。

可以说,饮食中的礼节,对中国文化形态,以及国人的日常行为习惯的形成,都有着很深远的意义。

第四章

民间食态

第一节 节日食俗

新春年年糕

所谓民俗，即民间风俗，是民间社会生活中所传承的文化现象的总称。

饮食民俗，是指人们在对食物原料进行挑选、加工、烹制和食用的过程中，即民族食事活动中，日久形成并传承不息的风俗习惯，也称饮食风俗、食俗。

《诗经·小雅·天保》曰："民之质矣，日用饮食。"

◎ 春节的年夜饭

年节是有着固定或不完全固定的活动时间，有特定主题和活动方式，约定俗成并世代传承的社会活动日。

我国的年节众多，并在历史上形成了独特的年节饮食文化，这也成为我国传统饮食文化的重要组成部分。

春节，是农历的正月初一，又称元日、元旦，是我国最重要的传统节日。据梁朝宗懔所撰《荆楚岁时记》记载，正月一日：“长幼悉正衣冠，以次拜贺，进椒柏酒，饮桃汤。进屠苏酒，胶牙饧，下五辛盘。进敷于散，服却鬼丸。各进一鸡子。凡饮酒次第，从小起。”

这就是说，在春节这一天，全家老少要穿戴端正，依次拜祭祖神，祝贺新春，敬奉椒柏酒，喝桃汤水。饮屠苏酒，吃胶牙饧，吃五辛菜，服“敷于散”和“却鬼丸”，每人吃一个鸡蛋。喝酒的次序是从年纪最小的开始。

可以看出，春节食用的这些食物和饮品都有避邪和求取吉利之意。如以椒柏浸酒，乃取食椒可以除病、耐老，和柏树为“多寿之木”（《本草纲目》）之义。

自古人们认为桃木可以驱鬼辟邪，所以饮桃汤即承此意。屠苏酒据传为华佗创制，具有益气温阳、避除疫疠之邪的功效。

胶牙饧就是用麦芽或谷芽混同其他米类原料熬成的软糖，常作为祭祀祖先的礼品，取其牢固不动之意。

五辛盘，据周处《风土记》所注：“五辛，所以发五藏之气。即大蒜、小蒜、韭菜、芸薹、胡荽是也。”其“辛”与“新”谐音，用以迎春，博取口彩。“敷于散”和“却鬼丸”相传皆是可以驱鬼的东西。

关于吃鸡蛋，周处《风土记》曰：“正旦，当生吞鸡子一枚，谓之练形。”

春节喝酒要先从年纪小的开始，这是因为年轻人过年意味着长大了一岁，先喝酒有祝贺他的意思；老年人过年则意味着又失去了一岁，所以要后给他斟酒。

现在过春节，大多讲究吃饺子和年糕，这也是有渊源的。饺子又称“扁食”，据《明宫史·史集》记载：“五更起……饮椒柏酒，吃水点心，即扁食也。或暗包银钱一二于内，得之者以卜一岁之吉。"

饺子一般要在年三十晚上十二点以前包好,待到半夜子时吃,此时正是农历正月初一伊始,吃饺子取"更岁交子"之意。"子"为"子时","交"与"饺"谐音,取喜庆团圆、吉祥如意之意。

过年吃饺子有很多传说,一说是为了纪念盘古开天辟地,结束混沌状态;二是取其与"浑囤"的谐音,意为"粮食满囤"。在饺子中包裹钱币,更是为了在新年伊始卜求吉祥和幸运。

春节吃食年糕,是取其"年年高升"之意。明朝崇祯年间刊刻的《帝京景物略》记载了当时的北京人每于"正月元旦,啖黍糕,曰年年糕"之事。

据传,年糕起初是为年夜祭神、朝供祖先所用,后来才成为春节食品。年糕的名品有苏州的桂花糖年糕,宁波的水磨年糕,北京的红枣年糕、百果年糕等。

年糕作为一种节日美食,寄寓了人们对新年美好的希望。对此,清末有诗云:"人心多好高,谐声制食品,义取年胜年,籍以祈岁谂。"

🌀 上元滚元宵

正月十五元宵节,又称上元节,也是我国一个重要的传统节日。

正月是农历的元月,古人称夜为"宵",而十五日又是一年中第一个月圆之夜,所以称正月十五为元宵节。

◎ 元宵

91

而将正月十五正式命名为元宵节的人是汉文帝。

按照民间的传统,正月十五这夜皓月当空,人们要点灯万盏以示庆贺。

对于元宵节点灯的习俗,据传是起源于道教的"三元说",即正月十五日为上元节,七月十五日为中元节,十月十五日为下元节。主管上、中、下三元的分别为天、地、人三官,天官喜乐,故上元节要燃灯。

元宵节的民俗活动很多,除了点灯笼,还有吃元宵、闹花灯、猜灯谜、放烟花、舞龙舞狮等,是夜家家团聚,共庆佳节。元宵节最重要的食俗是吃元宵。

元宵,又名汤圆、汤团,以形寓意,其状浑圆,洁白剔透,寄寓团圆、吉祥之意。相传吃元宵始于春秋末期,宋时始称之为"圆子""团子",取团圆之意。

据北宋吕原明的《岁时杂记》载,"京人以绿豆粉为科斗羹,煮糯为丸,糖为臛,谓之圆子盐豉。"南宋诗人宋必大的《平园续稿》一书中,亦有:"元宵煮食浮圆子,前辈似未曾赋此。"

明代在正月十五吃元宵已较为常见了。刘若愚的《明宫史》有"初九日后,吃元宵"之说,并详细记述"其制法用糯米细面,内用核桃仁、白糖、玫瑰为馅,洒水滚成,如核桃大,即江南所称汤圆也。"

清同治年间湖南《巴陵县志》云:"十三夜,四衢张灯……至十八日乃止,谓之'元宵节'。十四日,夜以秫粉做团……谓之'灯圆'。享祖先毕,少长食之,取团圆意。"在清代宫廷中,还要于上元节的前后三日都吃元宵,由御膳房提前准备。元宵有甜、咸两种口味,甜味以白糖、核桃、芝麻、山楂、豆沙、枣泥、水晶等为馅料,咸味以肉、菜为馅料,或荤或素。

所谓元宵与汤圆，是北方和南方的不同称法，但二者在制作方法上还是有区别的。

北方的元宵采用滚制的方法，把芝麻、花生、豆沙、山楂等各种馅料和上糖做成馅心，切成小块晾干，再蘸上水，用簸箩盛上糯米粉，把蘸了水的馅心放入反复滚动，待糯米粉不断包裹在馅心上，再洒上少许水，继续滚动，直到元宵成形。因为干粉太多的缘故，元宵口感偏于粗硬，汤水浑浊。

南方的汤圆则采用包制的方法，将糯米粉加热水揉匀成粉团，分成小块，再在每一个小粉团中心捏一个深窝，放入配制好的馅料，再把粉团收口搓圆，汤圆即成。汤圆软糯润滑，玲珑剔透，广为今人所爱。

端午裹角黍

农历的五月初五是我国民间的端午节。端午本名"端五"，《太平御览》卷三十一引《风土记》说："**仲夏端五，端，初也。**"古"五"与"午"相通，"五"又为阳数，故端午又名"端五"。

◎ 粽子

按照《易经》等典籍观点，阴恶从五而生，而五月五日恰是阳气运行到顶端的端阳之时，居三毒之端，多毒恶病疫，因此大家要聚在一起消灾避毒。端午这天的民俗有吃粽子、赛龙舟、挂艾菖、饮雄黄酒等。

粽子是端午节的标志性食物。关于粽子的记载，最早见于汉代许慎的《说文解字》。

"粽"字本作"糉",《说文新附·米部》谓"糉,芦叶裹米也。从米,葼声"。《集韵·送韵》中解释说,"糉,角黍也。或作粽。"粽子又名"角黍",最早的记载见于晋人周处的《风土记》:"仲夏端五,烹鹜角黍,端,始也。谓五月初五日也。又以菰叶裹粘米煮熟,谓之角黍。"

关于端午食粽这一食俗的来历,南朝梁吴均在《续齐谐记》中写道:

"屈原五月五日投汨罗而死,楚人哀之。每至此日,竹筒贮米,投水祭之。"

"汉建武中,长沙欧回,白日忽见一人,自称三闾大夫,谓曰:'君当见祭甚善,但常所遗,苦为蛟龙所窃,今若有惠,可以楝树叶塞其上,以五彩丝缚之。此二物,蛟龙所惮也。'"

"回依其言。世人作粽,并带五色丝及楝叶,皆汨罗之遗风也。"

传说屈原五月五日投汨罗江而死,楚人于每年此日用竹筒装米,投于水中以拜祭他。后来,屈原告诉大家,所祭食物皆被蛟龙夺走,而龙畏惧楝树叶和五色丝。于是大家以楝树叶包粽,以五色丝缠之,以免除蛟龙之患。

粽子的制作方法,汉代的记载是"芦叶裹米"(许慎《说文解字》),西晋的记载是"菰叶裹黏米,杂以粟"(周处《风土记》)。明代李时珍在《本草纲目》中记其为:

"糉,俗作粽。古人以菰芦叶裹黍米煮成,尖角,如糉榈叶心之形,故曰糉,曰角黍。

"近世多用糯米矣,今俗五月五日以为节物相馈送。或言为祭屈原,作此投江,以饲蛟龙也。"

这说明粽子是用菰叶裹黍米,煮成尖角或棕榈叶形状的食物。明清以后,粽子多用糯米包裹,于是就不叫角黍,而称粽子了。

在古代的食书中，记载粽子的种类和做法很多。其中的名品有形状如菱角，用竹叶裹白糯米煮成的竹叶粽；在糯米中加枣、栗、绿豆，用艾叶浸米包裹煮成的艾香粽；用薄荷水浸米蒸软，拌入洋糖，用箬包裹煮成的薄荷香粽等。

中秋团圆饼

中秋节为农历八月十五日，八月是秋季的第二个月，故中秋又名仲秋，中秋节也称仲秋节。

中秋一词始见于《周礼》："中春昼，鼓击士鼓吹豳雅以迎暑；中秋夜迎寒亦如云。"

中秋节起源于我国古代秋祀、拜月之俗。《礼记》中

◎ 月饼

记有："天子春朝日，秋夕月。朝日以朝，夕月以夕。"这里的"夕月"就是拜月的意思。祭月原是帝王的礼制，后来达官文士也纷纷效仿，此风逐渐传到民间，成为一个传统的活动。

拜月之礼在两汉时已初具雏形。到了唐代，中秋赏月之俗开始盛行，《唐书·太宗记》记有"八月十五中秋节"。又据唐代欧阳詹《长安玩月诗序》所述："秋之于时，后夏先冬；八月于秋，季始孟终；十五于夜，又月云中。稽于天道，则寒暑均，取于月数，则蟾魂圆。"

这就是说，农历八月十五，是一年秋季八月的中间，故谓

之中秋。因为中秋节的主要活动都是围绕"月"而进行的,所以中秋节又称"月节""月夕"。中秋之夜圆月高悬,明亮皎洁,象征了团圆、圆满之意。

中秋之夜,民间的食俗是全家人团聚在一起分食月饼。月饼最初起源于唐朝军队祝捷的食品,那时称"胡饼"。

宋代周密的《武林旧事》中,首次提到"月饼"的说法。吴自牧的《梦粱录》中,已有"月饼"一词。对中秋赏月、吃食月饼的描述,明代田汝成所撰的《西湖游览志》中有:"八月十五谓中秋,民间以月饼相送,取团圆之意。"

从明代有关月饼的记述可以看出,这时的月饼已为圆形,而且仅在中秋节吃。也就是说,从明代起,月饼开始寓意团圆,并成了民间中秋祭月、相互馈赠的主要供品。

中秋节祭月后,全家人围坐一处,合家分吃月饼月果(祭月供品),象征人月团圆。《帝京景物略》中便有记载:"八月十五祭月,其祭果饼必圆,分瓜必牙错,瓣刻如莲花。……其有妇归宁者,是日必返夫家,曰团圆节。"

自明清时期,月饼便成了我国各地的中秋美食。我国月饼的品种繁多,依产地划分,有京式月饼、广式月饼、苏式月饼、台式月饼、滇式月饼、港式月饼、潮式月饼、徽式月饼、衢式月饼、秦式月饼等。

就口味而言,有甜味、咸味、咸甜味、麻辣味等;因馅心不同,有桂花月饼、梅干月饼、五仁月饼、豆沙月饼、冰糖月饼、白果月饼、肉松月饼、芝麻月饼、火腿月饼、蛋黄月饼等。按饼皮分,则有浆皮、混糖皮、酥皮、奶油皮等;从造型看,又有光面与花边之分等。

第二节 节令食俗

咬春五辛盘

立春是二十四节气中的第一个节气，又称"打春"。

"立"是"开始"的意思，我国古代的立春、立夏、立秋、立冬，分别表示四季的开始，也蕴涵着"春种、夏长、秋收、冬藏"的意义。

每年立春这一天，民间

◎ 春卷

都要"咬春"，也就是吃一些春天的新鲜蔬菜，既为防病，又有迎接新春的意思。

据李时珍《本草纲目》记载："元旦立春以葱、蒜、韭、蓼、芥等辛嫩之菜，杂合食之，取迎新之义，谓之'五辛盘'，杜甫诗所谓'春日春盘细生菜'是矣。""五辛盘"早在春秋时期便已出现，是把五种应时而带辛味的蔬菜装于一盘，既取迎新之意，又可发散五脏之气。

唐代《四时宝镜》有记载："立春，食芦、春饼、生菜，号'菜盘'。"杜甫的《立春》诗曰："春日春盘细生菜，忽忆两京梅发时。"可见，唐代已经开始试春盘、吃春饼了。唐宋之后，立春之日民间便有食春饼与生菜的食俗了。

饼与生菜以盘装之，称为春盘。古时的春盘极为讲究、精致。南宋周密的《武林旧事》记有盛貌："后苑办造春盘供进，及分赐贵邸宰臣巨珰，翠柳红丝，金鸡玉燕，备极精巧，每盘值万钱。"

所谓"咬春"，是取迎接春天之意。清代潘荣陛的《帝京岁时纪胜·正月·春盘》有云："新春日献辛盘。虽士庶之家，亦必割鸡豚，炊面饼，而杂以生菜、青韭菜、羊角葱，冲和合菜皮，兼生食水红萝卜，名曰咬春。"

咬春要吃春饼和春卷，此外还特别要嚼吃水红萝卜。有些地方称水红萝卜为"菜头"，取"财头"的谐音，象征财源旺盛，并寓意"开春好彩头"。清代的《燕京岁时记》也云："是日，富家多食春饼，妇女等多买萝卜而食之，曰'咬春'。谓可以却春困也。"

立春吃春饼的食俗由来已久，其起于晋而兴于唐。晋代潘岳的《关中记》有记述："（唐人）于立春日做春饼，以春蒿、黄韭、蓼芽包之。"

春饼其实是一种烫面薄饼，其做法是用两小块水面，中间抹油擀薄，烙熟后揭成两张，再卷以豆芽、韭黄、粉丝等炒成的合菜食用。卷食春饼讲究卷成筒状，并要从头吃到尾，取意"有头有尾"。

民间吃春饼，常以食饼制菜并相互馈赠为乐。清代的《北平风俗类征·岁时》云："立春，富家食春饼，备酱熏及炉烧盐腌各肉，并各色炒菜，如菠菜、韭菜、豆芽菜、干粉、鸡蛋等，且以面粉烙薄饼卷而食之。"

除了卷炒菜,这里记录了春卷还可卷食熟菜。昔日的熟菜讲究到盒子铺去叫"苏盘"(又称盒子菜),盒子铺就是酱肉铺,店家派人送菜到家。

盒子里分格码放有熏大肚、松仁小肚、炉肉、清酱肉、熏肘子、酱肘子、酱口条、熏鸡、酱鸭等。吃时需改刀切成细丝,另配几种家常炒菜食用,通常为肉丝炒韭芽、肉丝炒菠菜、醋烹绿豆芽、素炒粉丝、摊鸡蛋等。阖家围桌食之,其乐无穷。

除了春饼之外,炸春卷也是古代立春时装在春盘中的传统节令食品。春卷的名称最早见于《梦粱录》,书中曾提及"薄皮春卷"和"子母春卷"两种春卷。

春卷盛行于宋元,宋代称之为"春"或"探春",元时称之为"卷煎饼"。韩奕的《易牙遗意》中记载:"饼与薄饼同,用羊肉二斤,羊脂一斤,或猪肉亦可。大概如馒头馅,须多以葱白或笋干之类,装在饼内,卷作一条,两头以面糊粘住,浮油煎,令红焦色。"

明清时期,春卷不仅在民间流行,更成为宫廷糕点之一。现在的春卷多以猪肉、豆芽、韭菜、韭黄等为馅,色泽金黄,外酥里香,是很好的春令食品。

清明青精饭

清明是二十四个节气中的第五个节气,具体日期是每年公历的 4 月 4 日至 6 日。

清明的来历,《历书》记有:"春分后十五日,斗指丁,为清明,时万物皆洁齐而清明,盖时当气清景明,万物皆显,因此得名。"当时,清明常用以安排农事,在民间有"清明前后,点瓜种豆"的说法。

关于清明节的起源，据传始于古代帝王将相"墓祭"之礼，后来民间亦相仿效，于此日祭祖扫墓，历代沿袭而成为中华民族的一种固定风俗。清明节扫墓祭祖，是后人慎终追远、尊行孝道的具体表现。

我国古代有寒食节一说。寒食节是在冬至后的一百零五天，约在清明前后。相传，由于晋文公悼念介子推被火焚于绵山，旧时这一天禁止生火，只吃冷食，故又称"冷节""禁烟节"。

寒食节的习俗除了禁火，还有扫墓和郊游。开元二十年唐玄宗诏令天下"寒食上墓"，将祭拜扫墓的日子定为寒食节。因寒食与清明这两个不同的节日只差一天，到了唐朝，便将它们并为一日了。

旧时清明节以食粥为主，如大麦粥、杏仁麦粥等。《荆楚岁时记》曰："去冬节一百五日，即有疾风甚雨，谓之寒食。禁火三日，造饧大麦粥。"晋代陆翙的《邺中记》也云"寒食三日作醴酪"。醴酪，即一种以麦芽糖调制的杏仁麦粥。一直到隋唐，粥都是寒食节的主要食品。

除了食粥，清明节这天很多地方都有吃鸡蛋的风俗。大约因为寒食禁火的缘故，要提前把鸡蛋煮好，到了清明再来食用。此外，清明当日，人们纷纷郊游踏青，熟鸡蛋也是方便携带的食品。民间更有吃清明的煮鸡蛋，可以一年不头痛的传说。

由于寒食节源于纪念子推，在陕北一带，民间还有蒸"子推馍"的习俗。"子推馍"又称老馍馍，外观类似古代武将的头盔，馍里包有鸡蛋或红枣，上面有顶子，顶子四周贴面花。面花是面塑的小馍，有燕、虫、蛇、兔和文房四宝等造型。

子推馍有不同形状，以供不同的食客。圆形的子推馍是给男人食用的，条形的梭子馍给已婚妇女食用，未婚姑娘吃"抓髻馍"，儿童则吃燕、蛇、兔、虎等面花。大人用杜梨树枝或细麻线将各种小面花串起来，挂在窑洞顶上或窗边风干，留给孩子慢慢食用。

陈元靓的《岁时广记》卷十五引《零陵总记》，记载了一种寒食节食品，叫"青精饭"："杨桐叶、细冬青，临水生者尤茂。居人遇寒食采其叶染饭，色青而有光，食之资阳气。谓之杨桐饭，道家谓之青精饭，石饥饭。"这种青

◎ 青团

团子是在糯米中加入雀麦草汁舂合而成，馅料多为枣泥或豆沙。将其放入蒸笼之前，要以新芦叶垫底，这样蒸熟后的青团带有芦叶的清香，色泽更是青翠可人，也是很受欢迎的清明食品。

清明的食事风情，在很多文艺作品中都有所表现。如唐代杜牧那首广为吟诵的七绝："清明时节雨纷纷，路上行人欲断魂。借问酒家何处有？牧童遥指杏花村。"

冬至饺子碗

冬至是二十四节气中的第二十二个节气，表示寒冬的到来，一般在每年公历的 12 月 21 日或 22 日。按照天文学的说法，这是北半球一年中白昼最短、黑夜最长的一天。

冬至在我国古代被视为一个重要的节日，民间有"冬至大

如年"的说法。人们认为,冬至之后阳气回升,是节气循环的开始,因此冬至是一个应该庆贺的吉日。《梦粱录》曰:"冬至岁节,士庶所重,如馈送节仪,及举杯相庆,祭享宗烟,加于常节。"

对北方人而言,冬至以吃馄饨为最盛行的食谱,民间有"冬至馄饨夏至面"的说法。宋代《咸淳岁时记》记载:"三日之内,店肆皆罢市,垂帘饮博,谓之做节。享先则以馄饨,有'冬馄饨年发蚝'之谚。贵家求奇,一器凡十余色,谓之百味馄饨。"

关于这一食俗的缘由,《燕京岁时记》释为:"夫馄饨之形有如鸡卵,颇似天地混沌之象,故于冬至日食之。"实际上,因为"馄饨"与"混沌"谐音,故民间就将吃馄饨引申为打破混沌、开辟天地的意思。

吃饺子也是冬至这天必不可少的食俗,谚云:"十月一,冬至到。家家户户吃水饺。"冬至的饺子,在河南又被称为"捏冻耳朵"。

关于饺子的来历,还有一个民间故事。

传说南阳医圣张仲景曾任长沙太守,他辞官还乡时,正是寒风刺骨大雪纷飞的冬天,南阳白河两岸的百姓饥寒交迫,有不少人的耳朵被冻烂了。

张仲景看到后,就让弟子在南阳关东搭起医棚,将羊肉、辣椒和一些驱寒药材放在锅里煮熟,然后捞出来剁碎,用面皮包成耳朵的样子,再下入锅里煮熟,做成一种"祛寒娇耳汤",施舍给百姓吃,百姓们服食后冻耳朵便都痊愈了。

◎ 饺子

后来每逢冬至，人们便模仿做"娇耳"吃，以不忘"医圣"张仲景"祛寒娇耳汤"之恩，慢慢就形成了吃"捏冻耳朵"的习俗。

至今南阳仍有"冬至不端饺子碗，冻掉耳朵没人管"的民谣。吃饺子的习俗从古至今盛行不衰，饺子更因其鲜香的滋味和美好的寓意，一直是广为今人喜爱的食物。

冬至的民间食俗，还有吃汤圆、吃红豆、吃狗肉等。冬至的汤圆曾被称为"冬至团"（顾禄《清嘉录》），在江南有冬至日以汤圆祭祖、祭灶的习俗，这时的汤圆分为早上拜神的无馅小粉圆、晚上祭祖的有馅大粉团两种。

此外，冬至吃红豆的习俗也来自江南。相传有一个残害百姓、作恶多端的疫鬼害怕赤豆，于是冬至这夜各家团聚，同吃赤豆糯米饭，以驱避疫鬼，防灾祛病。

冬至吃狗肉之说，据传源自汉高祖刘邦。他在冬至这日吃了樊哙煮的狗肉后赞不绝口，从此在民间便形成了冬至吃狗肉的食俗。

丰收腊八粥

农历十二月，民间俗称腊月。农历的十二月初八，俗称腊八，这一天是我国相沿成俗的腊八节。

"腊月"一词的起源很早，《礼记·郊特牲》云："天子大蜡八，伊耆氏始为蜡。蜡也者，索也，岁十二月，合聚万物而索飨之也。"蜡即索，索者，绞合也；飨者，敬献也。可见，"蜡月"之称最早由蜡祭而得。蜡八之祭是祭八谷星，而八谷星是主岁收丰俭之星。

《宋史·天文志》曰："八谷八星，在华盖西，五车北。武密曰：主候岁八谷丰俭。一稻，二黍，三大麦，四小麦，五大豆，六小豆，七粟，八麻。"所以，天子大蜡八的"八"字，是有特定含义的，即祭祀八谷星神。

八谷星神是指农业的八个方面，而不是用八种蔬果来祭祀。人们将多种蔬果、谷物搅和在一起，煮熟成粥，敬献神灵，然后食用。因为蜡祭要祷祝，蜡八祭祀加之祷祝就是蜡八祝，谐音也就是蜡八粥了。

另外，到了年终，祭献神灵用的蔬果谷物等已全部是干物。《周礼·天官·腊人》有"腊人掌干物"之说，郑玄《注》："腊，小物全干。"即干物为腊，所以，用变成干物的蔬果煮成的蜡八祭祀之粥，就被称为腊八粥了。

据说，腊八粥的由来与佛教有关。传说佛教创始人释迦牟尼饥饿时吃了牧女煮的果粥，于十二月初八在菩提树下悟道成佛，因此佛寺要在腊八日诵经，煮粥敬佛，这便是腊八粥。

早在宋代，每逢十二月初八，东京开封各大寺院都要送七宝五味粥，即"腊八粥"。孟元老的《东京梦华录》中记述道："诸大寺作浴佛会，并送七宝五味粥与门徒，谓之'腊八粥'。都人是日各家亦以果子杂料煮粥而食也。"所谓"七宝"，是指胡桃、松子、乳蕈（蘑菇）、柿、栗、粟米和豆子。周密的《武林旧事》亦云："寺院及人家皆有腊八粥，用胡桃、松子、乳蕈、柿、栗之类为之。"吴自牧的《梦粱录》中也有"腊八大刹等寺俱设五味粥，名曰腊八粥"的记述。

腊八粥不仅为僧侣享用，在民间也很盛行。清人富察敦崇在《燕京岁时记·腊八粥》中记曰："腊八粥者，用黄米、白米、江米、小米、菱角米、栗子、红豆、去皮枣泥等，合水煮熟，外用染红桃仁、杏仁、瓜子、花生、榛穰、松子及白糖、红糖、琐琐葡萄，以作点染。"

据说,当时雍和宫每年会在腊月初七鸡啼时生火,将各类豆米入锅煮上二十四个时辰,直到腊八的拂晓出锅。煮好的第一锅粥供于佛前,第二锅粥进献皇帝,第三锅粥赏赐大臣,第四锅粥敬奉施主,第五锅粥赈济贫民,第六锅粥方是寺内僧众自食。

除了腊八粥,做腊八蒜也是腊八节重要的食俗之一。腊八蒜在腊八制作,但并不在腊八食用。对此,近人沈太侔的《春明采风志》中有记述:"腊八蒜亦名腊八醋,腊日多以小坛甏贮醋,剥蒜浸其中,封固。正月初间取食之,蒜皆绿,味稍酸,颇佳,醋则味辣矣。"

◎ 腊八蒜

第三节 礼仪食俗

☙ "早生贵子"

诞生礼又称人生开端礼或童礼,是指从求子、保胎,到临产、三朝、满月、百禄，直至周岁的整个阶段内的一系列仪礼。

中国古代生命观重生轻死，新生儿的降临代表着家族血脉的延续，因此人们都把诞生礼视为人生的第一大礼，以各种不同的仪礼来庆祝，由此形成了各色的饮食习俗。

◎ 周岁席抓周

求子的习俗在我国由来已久。我们的祖先最早是向自然神灵求子，后来又向神佛求子，祭拜主管生育的观音菩萨、碧霞仙君、百花神、尼山神等。一旦得孕，便供上三牲福礼，并给神祇披红挂匾。

到了后来，民间出现了送食求子的习俗，如给孕妇吃喜蛋、喜瓜、莴苣、子母芋头、石榴、枣、花生、栗子、莲子等。

在民间，家中有妇人怀孕是一件大喜事。孕妇的饮食尤其受到家人照顾，既是为求得最终生产的顺利平安，也是为了胎儿的健康成长。

在食养方面，有的地方迷信孕妇吃兔肉生子会豁唇，还认为孕妇吃生姜生子会长出六个指头，因此孕妇忌食兔肉和生姜。民间也多有根据孕妇口味的变化，判断胎儿性别的办法，如"酸儿辣女"之说在民间就十分流行。

在民间为求得吉利，娘家要给临产的女儿做一席饭食，称为催生礼。如《梦粱录》记云：

"杭城人家育子，如孕妇入月，期将届，外舅姑家以银盆或彩盆，盛粟杆一束、上以锦或纸盖之，上簇花朵、通草、贴套、五男二女意思，及眠羊卧鹿，并以彩画鸭蛋一百二十枚、膳食、羊、生枣、粟果及孩儿绣绷彩衣,送至婿家,名'催生礼'。"

其中菜肴之名也多吉祥之意,如"二龙戏珠""三阳开泰""四时平安""五子登科"等,这些饭食必须一次吃完,意为"早生""顺生"。

在少数民族和一些地区也有类似的仪式,侗族就是由娘家给孕妇送大米饭、鸡蛋与炒肉,七天一次,直至分娩为止;在浙江是给孕妇送喜蛋、桂圆、大枣和红漆筷,寓含"早生贵子"之意。

伴随着婴孩的出生,还有一系列的生育礼仪。很多少数民族在婴孩出生当天都有添丁报喜的仪礼,如土家族的"踩生酒",就是要用酒菜招待第一个进门的外人,并有"女踩男、龙出潭","男踩女、凤飞起"之说。又如畲族的"报生宴",是由女婿带一只大公鸡、一壶酒和一篮鸡蛋去岳母家报喜。如生男,则在壶嘴插朵红花;如生女,则在壶身贴一"喜"字。女婿来到岳母家之后,岳母家要立即备宴,招待女婿和乡邻。

仫佬族的"报丁祭"是用猪头肉、香、纸祭奠掌管生育的"婆王",招待全村男女老少,这和汉族的"贺当朝"很相似。所谓"贺当朝",就是由亲友带着母鸡、鸡蛋、蹄髈、米酒、糯米、红糖前来祝贺,产妇家则开"流水席"分批接待。

民间常说的"坐月子"期间,产妇一方面要"补身",另一方面也为"开奶"。这一时期产妇用餐有"饭补""汤补""饭奶""汤奶"之说,食物多为小米稀饭、肉汤面、煮鲫鱼、炖蹄髈、煨母鸡、荷包蛋、甜米酒之类,一日四至五餐,持续月余。

作为产妇的娘家,要送上喜蛋、十全果、挂面、香饼,并用香汤给婴儿"洗三",念诵上口的喜歌。

婴孩降生一个月时称为"满月",这一天一般人家都要摆上满月酒宴请宾客。孩子的父亲要携糖饼请长者为孩子取名，此谓"命名礼"；还要用供品酬谢剃头匠，这叫"剃头礼"。亲友要赠送孩子"长命锁"。还有一个祝福婴孩长寿的仪礼叫作"百禄"，贺礼必须以百计数，鸡蛋、烧饼、礼馍、挂面均可，以体现"百禄""百福"之意。

周岁席又名"试儿""抓周"，是在周岁之时预测小儿的性情、志趣、前途等的民间纪庆仪式。北齐颜之推的《颜氏家训·风操》记曰："江南风俗，儿生一期，为制新衣，盥浴装饰。男则用弓、矢、纸、笔，女则用刀、尺、针、缕，并加饮食之物及珍宝服玩，置之儿前，观其发意所取，以验贪廉愚智，名之为'试儿'。"

届时，主人家设宴招待，亲朋都要带着贺礼前来观看。周岁宴席讲求吉祥喜庆，须配以长寿面，上菜重十，菜名也多取"长命百岁""富贵康宁"之意。

✽ 合欢喜宴

民间常说的"红喜事"，除了诞生礼外，还有婚嫁礼、成年礼和寿庆礼等，其中，婚嫁礼是十分重要的一项大礼。《礼记·昏义》云："昏礼者，将合二姓之好，上以事宗庙，而下以继后世也，故君子重之。是以昏礼，纳采，问名，纳吉，纳征，请期，皆主人筵几于庙，而拜迎于门外。入，揖让而升，听命于庙，所以敬慎重正昏礼也。"

在古人看来，婚姻的意义在于"事宗庙"与"继后世"，即以祖先的祭祀和宗族的延续为目的的结合，所以婚姻是家族的大事。在筵宴的仪礼上，主人更要郑重对待。

古时最初完整的婚嫁习俗包括纳采、问名、纳吉、纳征、请期和亲迎六礼，到了后来逐渐有所演变。

其中,纳吉是订婚仪式中最重要的一项,又称过"大礼"。由男方择定良辰吉日,携同礼金和多种礼品送到女方家中。

除了礼金、利是、龙凤烛和对联等祥物,这一仪礼中的食物礼品也讲求吉庆口彩,大致包括:礼饼一担;四式、六式或八式海味;三牲,包括鸡两对、鹅两对、猪脾两只;鱼,要大鱼或鲮鱼,取其有腥(声)气之音;椰子两对,意为有爷有子;洋酒或米酒共四支;四京果,即荔枝干、龙眼干、连壳花生、核桃干;生果,取意生生猛猛。

食物礼品还包括油麻茶礼(茶叶、芝麻),用种子来种植茶叶,意指种植不移之子,暗喻缔结婚约后绝无反悔;帖盒,内有莲子、百合、青缕、扁柏、槟榔、芝麻、红豆、绿豆、红枣、核桃干、龙眼干等。

女方收到大礼后,会将其中部分回赠男方家。通常是把以上物品中的一半或若干,加上莲藕、芋头、石榴、四季橘各一对,再加上利是和赠与女婿的衣装等物回赠,称为"回礼"。

结婚当日,新郎来到新娘家娶亲,新娘家设宴席款待新郎、亲友和来宾,此称为"送亲宴"。

新娘到达新郎家,拜过天地入洞房后,要行"合卺"之礼,即共饮交杯酒(合欢酒),表示已结永好,同甘共苦。清人张梦元的《原起汇抄》对此解释为:"用卺有二义:匏苦不可食,用之以饮,喻夫妇当同辛苦也;匏,八音

◎ 洞房交杯酒

之一,笙竽用之,喻音韵调和,即如琴瑟之好合也。"

洞房内还有热闹的撒帐习俗,这在汉代便早已有之。《事

物原始》云:"李夫人初至,帝迎入帐中共坐,欢饮之后,预戒宫人遥撒五色同心花果,帝与夫人以衣裾盛之,云得果多,得子多也。"

在民间,将花生、栗子、大枣、桂圆、莲子等"子孙果"撒在婚床之上,寓意"早(大枣)立(栗子)子""早(大枣)生(花生)贵(桂圆)子""连(莲子)生(花生)贵(桂圆)子"等,这些干果由儿童们争相抢食,越是热闹,就越是吉庆。

婚后第三日,新郎要带着礼品,随新娘返回岳母家中,拜谒新娘的父母及亲属。此习俗起于上古,泛称"归宁",民间又称"回门",意为女儿携女婿回家认门拜亲。"回门"在古时多是结婚第三日、第六日或七、八、九日,也有满月回门省亲之说。

"回门"的礼品包括:金猪两只、鸡一对、酒一壶、西饼两盒、生果两篮、面两盒、猪肚、猪肉两斤。回门时,新娘家须留女儿女婿吃饭并回礼,回礼的礼品有西饼、鸡仔、猪头、猪尾、竹蔗、生菜、芹菜等。"回门"当日饭毕,新人再回到新郎家中。自亲迎开始的成婚之礼,至此完成。

寿桃寿面

长寿之福居《尚书》中的"五福"之首,民间认为长寿是人生晚年很大的福气,因此要加以庆贺。特别是老人的寿庆仪礼,在民间十分普遍,俗称"做寿"。

儿女们在父母做寿,寿庆一般重视逢十的"整寿",从五十岁开始,五十岁为"大庆",六十岁以上为"上寿",二老同寿为"双寿"。特别是六十岁,恰好天干地支循环一次,又称为"甲子寿辰",仪礼尤其隆重。

在寿庆宴席上，要有寿桃、寿面、寿糕、寿酒等食物。

寿桃可以直接采摘鲜桃，但由于季节所限，一般也可用米粉或面粉蒸制而成，并在桃嘴处点上红色，颇似鲜桃。有的地方还在寿桃之上饰以云卷等吉祥图案，并配以吉祥的祝语。寿桃一般九个叠放一盘，在寿案上并列三盘，庆寿时摆放于寿案

◎ 寿桃

之上。寿桃之传统由来已久，《太平御览》引汉代东方朔的《神异经》云："东北有树焉，高五十丈，其叶长八尺，广四五尺，名曰桃。其子径三尺三寸，小狭核，食之令人知寿。"

作为寿庆的食文化符号，寿桃在《麻姑献寿》《寿星图》等多幅祝寿图中都有所体现。

寿面就是祝寿吃的面条，因为面条形状绵长，做寿吃面，取意延年益寿。寿面一般长一米，每束须百根以上，煮成捞面，在碗中盘成下大上小的塔形，上罩以红绿拉花，备以双份，祝寿时呈于寿案之上。

明代沉德符的《野获编·列朝·赐百官食》中记曰："太后圣诞，皇后令诞，太子千秋，俱赐寿面。"由此可知，吃寿面的习俗在宫廷中也很盛行。关于寿面的由来，有一个有趣的说法。

相传汉武帝崇信鬼神相术，一日与众大臣聊天，说到人寿命长短，他认为《相书》中说人中若长，寿命就长，若人中一寸长，就可以活到一百岁。

东方朔听后笑道，如果人活一百岁，人中一寸长，那彭祖

活了八百岁,他的人中就长八寸,那他的脸有多长啊。众人听后也大笑,但又想找个变通的办法表达长寿的愿望,于是想到了脸,脸即面,脸长即面长,于是人们就借用长长的面条来祝福长寿。渐渐这种做法又演变为生日吃面条的习俗,一直沿袭至今。

寿庆筵宴的菜品,在数字上讲究扣"九"、扣"八",如"九九寿席""八仙菜"等;在菜名上,也讲究吉祥喜庆,如"三星聚会""八仙过海""白云青松""福如东海"等。

在不同的地区,还有不同的寿庆食俗。如宁波当地有"六十六,阎罗大王请吃肉"的说法,所以无论父母,到了六十六岁生日这天,都有"过缺"的习俗。所谓"过缺",是指人到了六十六岁都会遇到一个缺口(即关口),度过了就会平安。因此六十六的寿宴很重要,一般要由女儿操持祝寿。

宴席上最重要的一道菜是将猪腿肉切成六十六小块,多一块或少一块都不可以,烹制后盖在一碗糯米饭上,盛饭的碗必须用有缺口的碗。此外,饭上还要摆一个"龙头烤"(即咸虾干),附会龙头拐杖;另要放上三根带根的鲜葱,表示生命力旺盛。最后用"宾蓬篮"装好,送到父母家中,并向菩萨祈祷,保佑父母长寿。

🍃 居丧食粥

丧葬是人生的最后一道仪礼,与其他的仪礼不同,它的主角永远是缺席的。在古时,民间对于寿终正寝的老人的去世,称为"白喜事"。

居丧之家,在丧事过后,要对前来吊唁以及帮助处理丧事的亲友进行招待,丧葬的食俗在各个地方也有所不同。

在山东,白喜事宴又称"吃丧",亲属在拜祭逝者牌位后要一起吃饭,称"抢遗饭"。有的地区吃的是豆腐和面条,以求兴旺富裕和长命百岁;有的地方吃的是栗子和枣,取意子孙早有,人丁兴旺。

在扬州,丧席一般有六道菜,即红烧肉、红烧鸡块、红烧鱼、炒豌豆苗、炒鸡蛋、炒大粉,称为"六大碗"。其中,肉、鸡、鱼代表猪头三牲,作为祭品表示对逝者的尊敬;豌豆苗、鸡蛋和大粉是希望大家安稳和睦,消除隔阂。吃丧饭时不能喝酒。

在回族的丧葬仪礼中,有的地方办丧事三天不动烟火,禁止请客,由附近的亲戚或邻居送食,三天后方可以进行纪念活动。

居丧期间,丧家的饮食在不同地区也有着不同的风俗。清同治《安陆县志补》中记载了湖北安陆民间的居丧食俗:

"古者父母之丧,既殡食粥,齐衰,疏食水饮,不食菜果。既虞卒哭,疏食水饮,不食菜果。

"期而小祥,食菜果。又期而大祥,食醯酱。中月而禫,禫而饮醴酒。始饮酒者,先饮醴酒;始食肉者,先食干肉。"

这段话的意思是说,古人居父母之丧,在出殡后只食粥;在居丧的第一年,不吃菜果,只是疏食水饮;在服丧一年后,可以吃菜果;服丧两年后可以吃鱼、肉做的酱;除服后,开始饮酒时要先饮浓度不高的甜酒,开始食肉时要先食干肉。

在民间的丧葬食俗中,除了表达对逝者悼念、尽孝道的主题,有的地方还在食

◎ 丧席

俗中表达为下一代的祈福,如江西杨树一带的"端百岁饭"和江苏海州的"偷碗计寿"等。

　　"端百岁饭"是指人们在吃"送葬饭"时,端出一碗饭并夹上几块肉,带回去给孩子吃,以此为孩子讨得长命百岁的吉祥寓意,在苏北地区也有类似的食俗。"偷碗计寿"是指用从喜丧人家偷出碗筷,给孩子吃饭时使用,以求孩子长寿。为此,喜丧人家也会十分体贴,常常会多买些碗筷以供人偷取。

第五章

文人食趣

第一节 文人生活中的饮食

莼鲈之思

孟子说"**君子远庖厨**",因为杀生害义;苏轼说"**宁可食无肉,不可居无竹**",因为赏竹比吃肉要雅致。

一般说来,饮食的根本是为满足口腹之欲,本不应有道德或人格层面的问题,然而由于饮食文化的丰富性,它又广泛地被文人赋予了多重意义。

孔子的"**食不厌精,脍不厌细**",是对礼仪修养的孜孜追求。世传的"东坡肉"中,也包含着苏轼领略的个中三昧。

比起先秦时期人们从饮食中寻求礼仪之道而言,后世文人的食趣有着别样的滋味。

魏晋时期有很多性情文人,他们厌恶纷争动乱的社会,也不相信儒家的说教,刻意要从政治漩涡中挣脱出来,寻求心灵的自在和安逸。

于是,饮食作为一种近乎直觉的感受和欲望,便被他们看作是自然性情的象征。展示自己对饮食的趣味,成为他们宣泄性情的方式之一。晋人张翰的"莼鲈之思"就是其中代表。

张翰是个才子,诗书俱佳。李白就很佩服他,赞其:"**张翰**

黄金句，风流五百年。"然而，张翰留名于世，还是因为莼菜和鲈鱼，他曾作有一首《思吴江》，诗云："秋风起兮木叶飞，吴江水兮鲈正肥。三千里兮家未归，恨难禁兮仰天悲。"

另据《晋书·张翰传》记载，身为苏州人的张翰在洛阳做官，"因见秋风起，乃思吴中菰菜、莼羹、鲈鱼脍，曰：'人生贵适忘，何能羁宦数千里以要名爵乎？'遂命驾而归。"这个故事被传为佳话，后来"莼鲈之思"就成了思乡的代名词。

◎ 欧阳询《张翰帖》

文人"莼鲈之思"的情怀，在后世也不乏其例，唐代崔颢的七绝《维扬送友还苏州》云："长安南下几程途，得到邗沟吊绿芜。渚畔鲈鱼舟上钓，羡君归老向东吴。"白居易也有《偶吟》曰："犹有鲈鱼莼菜兴，来春或拟往江东。"

到了宋代，文人们对此愈加推崇，并以寄情美食表达思乡之意为风尚，欧阳修就有诗云："清词不逊江东名，怆楚归隐言难明。思乡忽从秋风起，白蚬莼菜脍鲈羹。"辛弃疾的名作《水龙吟》中也有佳句："休说鲈鱼堪脍，尽西风，季鹰归未。"

对现实的失意以及对家园的渴望，是文人们"莼鲈之思"的缘由，简单的一味菜中，传递的是他们从外在世界回望故乡、归隐内心的情怀。

东坡遗味

宋代大文豪苏轼也是一个流连饮食之人。他作有一篇《老饕赋》，前半段云：

"庖丁鼓刀，易牙烹熬。水欲新而釜欲洁，火恶陈而薪恶劳。九蒸曝而日燥。百上下而汤鏖。尝项上之一脔，嚼霜前之两螯。

"烂樱珠之煎蜜，滃杏酪之蒸羔。蛤半熟而含酒，蟹微生而带糟。盖聚物之夭美，以养吾之老饕。"

这段文字的意思是，要汇聚天下之美味，精心制作，以供奉自己这个老饕。

苏轼另有《菜羹赋》一文："汲幽泉以揉濯，搏露叶与琼根。覆陶瓯之穹崇，谢搅触之烦勤，屏醯酱之厚味，却椒桂之芳辛。"这是说，只需采摘带着露水的蔬菜，用泉水洗濯，放在瓦罐里煮，不用多搅动，也不用醯酱、椒桂，就可以获得天下之美味。

苏轼关于饮食的诗文远不止这两篇，而无论或浓或淡的描写，都能看出这位伟大诗人对于人生的理解和设计。

苏轼有着明确的政治理想和过人的政治才华，并且勇于实践。而他因何要自称老饕，对各类饮食情有独钟呢？这一方面与宋代社会渐

◎ 《东坡学士像》(局部)清代吴大澂作

119

趋繁华富足,人们对生活的要求有所提高相关;另一方面,文人通过对日常生活细节的关注,也表达着对政治和社会的失望,这与张翰的莼鲈之思是一脉相承的。

苏轼自踏上仕途开始,就不断遭遇各种挫折,先是久不授官,后又有黄州之难,晚年流寓海南,艰辛备尝,所以难免会有归隐之想。南宋周紫芝的《竹坡诗话》记之曰:

"东坡性喜嗜猪,在黄冈时,尝戏作《食猪肉诗》云:黄州好猪肉,价贱等粪土。

"富者不肯吃,贫者不解煮。慢着火、少着水,火候足时他自美。每日起来打一碗,饱得自家君莫管。"

不知这里记述的是否就是后世流传的东坡肉,但苏轼在黄州时抱负落空,人生无望,也只能从日常生活中寻找意趣。而饮食之好,便是这种自得其乐、自然自在的人生态度的体现。其中,既有对珍馐美味有着无限的向往,又能对简朴粗疏的饭菜甘之如饴,这又表现了苏轼无可无不可、每于峰回路转处淡定自得的人生智慧。

南宋吕本中说:"能常咬得菜根者,凡百事可做。"意思是耐得艰苦,方能成就事业。但苏轼的《菜羹赋》所体现的却是不畏艰苦的决心,而是简单、朴素中自有的趣味,而做到这一点,必须要有淡然自处、豁达大度的人格精神,和出入儒道、左右逢源的智慧。

从这两首关于食物的赋中,我们看到了苏轼于富贵中不忘谨慎,在穷厄中保持乐观的旷达精神。

苏轼还撰写过《酒经》《浊醪有妙理赋》《酒子赋》《洞庭春色赋》《中山松醪赋》《蜜酒歌》《鳊鱼》《食》《食雉》《煮鱼法》《猪头颂》等与饮食有关的诗文,他亲自创制的"东坡四珍"——坛子肉、杏花鸡、金蟾戏珠、五关鸡,在宋代就名噪一时。

直到现在,东坡肉、东坡肘子、东坡豆腐、芹芽鸠肉脍、东坡羹等与苏轼有关的美食,还在人们的宴席上散发着诱人香味。

🌀 名士食馔

明清时期,文人在张扬性情的同时,开始寻觅日常生活之"道",开启了一个生活艺术化的时代。

这一时期有不少关于饮食理论的著述问世,如明末高濂的《遵生八笺·饮馔服食笺》、清代李渔的《闲情偶寄·饮馔部》、张英的《饭有十二合》、袁枚的《随园食单》等。这些中国饮食史上的名著,充分反映了文人士大夫追求雅致、考究的生活意趣。

这一时期还出现了一脉文人描写日常生活的"忆语"类作品,如冒襄的《影梅庵忆语》、沈复的《浮生六记》等,可视为文人食馔的代表。

冒襄字辟疆,是"明末四公子"之一。他的《影梅庵忆语》一书,记载了与爱姬董小宛共同生活的九年光阴。

董小宛曾是秦淮吴门一流的歌妓,进入冒家后,她"扃别室,却管弦,洗铅华,精学女红",书香门第的生活正与她恬淡娴静的天性契合,为人妇的身份也带给她"人枕灶间"的快乐。冒襄嗜茶,她亲手吹涤,碧沉香泛,二人花前月下,对酌解颐。董小宛不喜肥腻,独爱清淡,冒襄嗜偏,她便细考食谱,采色香花蕊,研拣晒酿,自制佐菜,其香甜殊味,迥与常别。

书中有二人日常生活的大量片段,对饮食生活的描述,在书中多次出现:

"姬(指董小宛)性淡薄,于肥甘一无嗜好,每饭以芥茶一小壶温淘,佐以水菜、香豉数茎粒,便足一餐。

"余饮食最少,而嗜香甜及海错、风熏之味,又不甚自食,每喜与宾客共赏之。姬知余意,竭其美洁,出佐盘盂,种种不可悉记,随手数则,可睹一斑也。

"酿饴为露,和以盐梅,凡有色香花蕊,皆于初放时采渍之,经年香味颜色不变,红艳如摘,而花汁融液露中,入口喷鼻,奇香异艳,非复恒有。

"最娇者为秋海棠露,海棠无香,此独露凝香发。又俗名断肠草,以为不食,而味美独冠诸花。次则梅英、野蔷薇、玫瑰、丹桂、甘菊之属,至橙黄、橘红、佛手、香橼,去白缕丝,色味更胜。

"酒后出数十种,五色浮动白瓷中,解酲消渴,金茎仙掌,难与争衡也。

"取五月桃汁、西瓜汁、一穰一丝漉尽,以文火煎至七、八分,始搅糖细炼,桃膏如大红琥珀,瓜膏可比金丝内糖。

"每酷暑,姬必手取其汁示洁,坐炉边静看火候成膏,不使焦枯,分浓淡为数种。此尤异色异味也。

"制豆豉,取色取气先于取味,豆黄九晒九洗为度,颗瓣皆剥去衣膜,种种细料,瓜杏姜桂,以及酿豉之汁,极精洁以和之。豉熟擎出,粒粒可数,而香气酣色殊味,迥与常别。

"红腐乳烘蒸各五、六次,内肉既酥,然后削其肤,益之以味,数日成者,决胜建宁三年之蓄。

"他如冬春水盐诸菜,能使黄者如蜡,碧者如茁。蒲、藕、笋、蕨、鲜花、野菜、枸、蒿、蓉、菊之类,无不采入食品,芳旨盈席。

"火肉久者无油,有松柏之味;风鱼久者如火肉,有麂鹿之味。醉蛤如桃花,醉鲟骨如白玉,油鲳如鲟鱼,虾松如龙须,烘兔、酥雉如饼饵,可以笼而食之。

"菌脯如鸡菌,腐汤如牛乳。细考之食谱,四方郇厨中一种偶异,即加访求,而又以慧巧变化为之,莫不异妙。"

上面这几段话详细记叙了董小宛酿饴为露,采渍色香花蕊,制作桃膏、瓜膏、豆豉、红腐乳、火肉、风鱼等的过程。所述菜品以素食为主,食材多为花、果、蔬菜、野菜等,就连风干的鱼、肉,也烹制成"松柏之味"。

这种饮食习惯沿袭了宋代以来士大夫对于素食的偏爱,反映出明清士大夫阶层饮食生活的风貌。

从董小宛对菜品品相、香味的讲求,对食材的精心选择,特别是富于才情的烹饪技艺中,可以看出冒董二人日常生活的雅致格调。这种饮食文化境界也反映出当时士大夫向往的艺术化生活情趣。

浮生食趣

《浮生六记》一书为沈复对其夫妻生活片段的记述,是文人将自身生活充分审美化的代表之作。

全书在精致与优美中充满了忧伤的情调。其中一段关于豆腐乳与虾卤瓜的描写颇有韵味:

"(芸)每日饭必用茶泡,喜食芥卤乳腐,吴俗呼为臭乳腐,又喜食虾卤瓜。此二物余生平所最恶者,因戏之曰:'狗无胃而食粪,以其不知臭秽;蜣螂团粪而化蝉,以其欲修高举也。卿其狗耶?蝉耶?'

芸曰:'腐取其价廉而可粥可饭,幼时食惯,今至君家已如蜣螂化蝉,犹喜食之者,不忘本出;至卤瓜之味,到此初尝耳。'

余曰:'然则我家系狗窦耶?'

芸窘而强解曰:'夫粪,人家皆有之,要在食与不食之别耳。然君喜食蒜,妾亦强啖之。腐不敢强,瓜可掩鼻略尝,入咽当知其美,此犹无益貌丑而德美也。"

余笑曰:"卿陷我作狗耶?"

芸曰:"妾作狗久矣,屈君试尝之。"

以箸强塞余口。余掩鼻咀嚼之,似觉脆美,开鼻再嚼,竟成异味,从此亦喜食。

芸以麻油加白糖少许拌卤腐,亦鲜美;以卤瓜捣烂拌卤腐,名之曰双鲜酱,有异味。

余曰:"始恶而终好之,理之不可解也。"

芸曰:"情之所钟,虽丑不嫌。"

沈复不喜欢卤乳腐和虾卤瓜,因其闻起来有臭味,便与其妻陈芸逗趣,让她在狗和蝉中选择。而陈芸不但巧妙作答,而且说服丈夫品尝并最终爱上这两味菜肴。文中记述了这两味菜肴的口味和陈芸对其改进的烹制方法,生活色彩颇为浓厚。

◎《浮生六记》上海广益书局,
一九四九年版

冒襄和董小宛是名士名媛,过着深宅广院、锦衣玉食的生活,而沈复和陈芸则是贫寒士族,有时还要为衣食操心,他们的饮食,以及对饮食的态度,本并不相同。然而,由上文可知,他们寄情琐细的日常生活和人伦之情,表达流连人生的意趣,又并无不同。

这种将日常饮食情趣化和艺术化的方式,使脱离了主流意识形态的生命存在更有意义、更有价值。

第二节 文艺作品中的饮食

咏粥诗

　　饮食是人们生活的主要内容之一,也是文艺作品常见的题材。我国很早就有关于饮食的文艺作品出现,而且各种体裁兼备,有很高的艺术价值。

　　我国是一个诗歌的国度,若将那些描写饮食的诗作汇集起来,可以成为一部饮食文化的发展史。

　　早在战国时期,楚辞中就出现过精美的饮食段落描写,此后的文艺作品关于饮食的描述就连绵不绝。

　　在唐宋诗词中就更多,大诗人陆游的《食粥》曰:"我得宛丘平易法,只将食粥致神仙。"宋代僧人惠洪所作《豆粥》诗,也是饶有趣味:

　　"出碓新秔明玉粒,落丛小豆枫叶赤。并花洗净勿去萁,沙饼煮豆须弥日。

　　"五更锅面沤起灭,秋沼隆隆疏雨

◎ 陆游像

集。急除烈焰看徐搅，豆才亦趋回涡入。

"须臾大勺传净瓷，浪寒不兴色如粟。食余偏称地炉眠，白灰红火光蒙密。

"金谷宾朋怪咄嗟，芜蒌君臣相记忆。我今万事不知他，但觉铜瓶蚯蚓泣。"

这首诗中的"金谷"两句是两个典故，前句出自《世说新语·汰侈》，是说石崇要请客吃豆粥，说话之间粥便已做成，使宾客们惊讶不已；后句出自《后汉书·冯异传》，说的是汉光武帝兵败时，冯异于滹沱河为他进麦饭，于芜蒌亭为他进豆粥，显示了君臣的深情。

此前数句则详细介绍了豆粥的选料和烹煮的过程，表达出对简朴生活的热爱，是一首悟道的诗。

清代《茶余客话》中录有明人张方贤的一首《煮粥诗》，诗云：

"煮饭何如煮粥强，好同儿女细商量。一升可作三升用，两日堪为六日粮。

"有客只须添水火，无钱不必做羹汤。莫嫌淡泊少滋味，淡泊之中滋味长。"

这首诗如贫寒人家的家常闲话，从节俭入手，却将诗意落在淡泊二字上，抒发出清贫和简朴之中安之若素、甘之若饴的人格精神。

夜宴图

不止于诗歌，在各类文学艺术体裁中，都有关于饮食的描绘。以绘画为例，南唐顾闳中的《韩熙载夜宴图》、宋代张择端的《清明上河图》和明代仇英的《春夜宴图》就是此中代表。

《韩熙载夜宴图》是一幅长卷,共分五段,每段以屏风相隔,表达夜宴过程中的不同场景。其中,有听琵琶演奏者、观舞者、休息者、独自赏乐者、与宾客惜别者,反映了韩熙载和宾客宴饮的多个场面,尽显雍容华贵。

在琵琶演奏的场景中,还描绘了客人面前所陈设的几案,几案上摆放着樽酒果品及餐具,应是每人相同的一份,这便是典型的分餐制。

整幅画虽以夜宴为名,但主要内容在歌舞,可知当时贵族的夜宴已与其他娱乐活动融为了一体。画里画外,流露出一种悠然自得的意境。

◎ 《韩熙载夜宴图》(局部)唐代顾闳中作

明代后期文人画十分发达,平日的盘中之物,也都成为纸上墨迹。徐渭所画的蟹、石榴、葡萄、蔬果等,表达出自己对世界的理解和对人生的态度,其题《葡萄图》云:"半生落魄已成翁,独立书斋啸晚风,笔底明珠无处卖,闲抛闲掷野藤中。"

块垒人生,被寄托在这平常的果实之中,且表现得如此酣畅淋漓,可谓食物艺术史上的杰作。

《金瓶梅》

在诸多文艺作品中,铺张饮食之丰富和精致,并由此展现细腻的世态人情,首推《金瓶梅》和《红楼梦》两部小说。

《金瓶梅》的主人公西门庆,利用经商所得的泼天富贵,结交官府,获取职位,成为一个亦官亦商的恶霸。

作者利用这一形象,展示了个性解放,以及商业社会中汹涌而起的一股无所忌惮的贪欲逆流。这种贪欲除了表现于情色、权力外,主要就是衣食享受了。

在《金瓶梅》中,无论是官商往来、友朋聚会,还是普通家宴、两情私会,都有宴饮场面的描述。

正是宴饮,将社会各个阶层、各类活动串联在一起,成为一幅末世社会的风俗画。

《金瓶梅》第四十九回写西门庆宴请胡僧,云:"先绰边儿放了四碟果子,四碟小菜,又是四碟案酒……又拿上四样下饭来。"这里反映出晚明城市中宴请的四个典型环节。其中,果子就是茶点,包括干鲜果品和糕点,《金瓶梅》全书中所记载的果子不下四五十种。

小菜是开胃所用,主要是腌制的蔬菜或姜蒜等,一般用来配粥,也可以在非正式场合下酒。

案酒即下酒菜,一般是冷盘,如《词话》第四十四回写李瓶儿所备的四碟下酒菜:糟蹄子筋、咸鸡、摊鸡蛋、豆芽菜拌海蜇;第二十七回写春梅送来的下酒菜:糟鹅胗掌、腊肉丝、木樨银鱼鲊、劈晒雏鸡脯翅儿。

下饭是配饭的菜品,是宴席的主角,一般味道较重,以肉食为主,分道上桌。如第四十一回吴月娘到乔家做客,厨役上的头一道菜是水晶鹅,第二道菜是顿烂烤蹄儿,第三道菜是烧鹅,每上一道菜,吴月娘都

◎《金瓶梅饮食谱》经济日报出版社

有赏钱。

《红楼梦》

《金瓶梅》中所描写的饮食只是一味地奢靡,有着明显的市井气味。相对而言,《红楼梦》里的贾府则是"钟鸣鼎食之家,翰墨诗书之族"。累世贵族的气派,再加上宝黛钗的清雅气质,使得大观园中的饮食有着更为深厚的文化意蕴。

《红楼梦》中所描写的饮食,不仅有宫中赐出的,也有进贡宫中的,还有贾府自用的,材料十分丰富,几乎无所不有。这从庄头乌进孝年岁节日上交物品的名目中就可看出,而且其饮食的制作极有规矩,时常还伴有小姐少爷们的奇思妙想,可谓缤纷满目。

据专家考证,《红楼梦》中所描写的饮品,有惠泉酒、绍兴酒、屠苏酒、木樨清露、玫瑰清露、酸梅汤等,其中两种"清露"均是"进上的",皆以花瓣制成,香气馥郁,且有疗病之效。

书中所入糕点,有糖蒸酥酪、枣泥馅的山药糕、桂花糖新蒸栗粉糕、菊花壳儿桂花蕊熏的绿豆面子、菱粉糕、鸡油卷儿、藕粉桂糖糕、松瓤鹅油卷、螃蟹小饺儿、如意糕、奶油松瓤卷酥等。

粥品有碧粳粥、燕窝粥、腊八粥、鸭子肉粥、江米粥、枣儿熬的粳米粥、红稻米粥等。

书中写到的菜肴种类众多,诸如糟鹅掌、火腿炖肘子、炸鹌鹑、糟鹌鹑、牛乳蒸羊羔、叉烧鹿脯、野鸡爪子、酒酿清蒸鸭子、腌燕脂鹅脯、鸡髓笋、椒油纯斋酱、茄鲞、鹌鹑崽子汤、酸笋鸡皮汤、野鸡崽子汤、火腿鲜笋汤等。①

从这些食物的名称中,我们能看出,大部分食物都是由多种食材制作而成的,有着较为复杂的烹饪技艺,如凤姐在对刘姥姥解释"茄鲞"的做法时说:

"你把才下来的茄子把皮签了,只要净肉,切成碎钉子,用鸡油炸了,再用鸡脯子肉并香菌,新笋,蘑菇,五香腐干,各色干果子,俱切成丁子,用鸡汤煨干,将香油一收,外加糟油一拌,盛在瓷罐子里封严,要吃时拿出来,用炒的鸡瓜一拌就是。"

◎ 红楼菜"茄鲞"

这道"茄鲞"的制作程序极为繁复,而且耗费材料,难怪刘姥姥摇头吐舌道:"我的佛祖! 倒得十来只鸡来配他,怪道这个味儿!"

从对一些食物制作工具的描述中,也可看出贾府饮食的讲究。书中有一节宝玉挨打后卧床不起,王夫人问宝玉想吃什么。宝玉说:"也倒不想吃什么,倒是那一回做的那小荷叶儿、小莲蓬儿汤还好些。"

原来,这汤是以模子制出的面馆饦,垫以荷叶蒸出

---

① 参考邱庞同《〈红楼梦〉中肴馔考略》,载《中国烹饪》1985 年 5、6 期。

来,再余入鸡汤。当这套模子被找出来,薛姨妈接过来看:

"原来是个小匣子,里面装着四副银模子,都有一尺多长,一寸见方,上面凿着有豆子大小,也有菊花的,也有梅花的,也有莲蓬的,也有菱角的。共有三四十样,打的十分精巧。

"因笑向贾母、王夫人道:'你们府上也都想绝了,吃碗汤还有这些样子。若不说出来,我见这个也不认得这是作什么用的。'"

如薛姨妈所说,这模具设计颇为用心,可见饮食在贾府中已经完全被艺术化了。

除了制作考究外,贾府的餐具和酒席布置也独具匠心,而且大都与场合、时令、人物心境等相契合,烘托出融洽的艺术气氛。如七十五、七十六两回写贾府中秋赏月之时举行夜宴,贾母在众人搀扶下来到凸碧山庄,书中描述道:

"这里贾母仍带众人赏了一回桂花,又入席换暖酒来。正说着闲话,猛不防只听那壁厢桂花树下,呜呜咽咽,悠悠扬扬,吹出笛声来。

"趁着明月清风,天空地净,真令人烦心顿解,万虑齐除,都肃然危坐,默默相赏。听约两盏茶时,方才止住,大家称赞不已。"

这一段描写极富意境,将中秋时节的空明和清爽,以及人们由此而感受到的宁静和超脱,写得透彻轻盈。这样的宴饮环境安排,在《红楼梦》中有很多,足可知作者布局的匠心独运和高超的写作能力。

《红楼梦》中不少宴饮还伴有音乐、诗歌等活动,如第三十八回写贾府内眷赏桂花吃螃蟹,园中小姐们不但饮酒作乐,还乘兴作诗,其中宝玉、黛玉、宝钗各作有咏螃蟹诗,宝钗写道:"桂霭桐荫坐举觞,长安涎口盼重阳。眼前道路无经纬,皮里春秋空黑黄。酒未敌腥还用菊,性防积冷定须姜。于今冷落成何益，月满空余禾黍香。"

此诗对螃蟹的描绘入木三分，众人不禁叫绝，整个螃蟹宴由此而增添了无限情趣，给人留下难以忘怀的印象。

《红楼梦》中的饮食描写，是一种艺术性的创造，虚实之中，不仅展示了古代烹饪技艺的精华，而且再现了饮食作为艺术和文化的多重内涵，传递着中国传统饮食文化的浪漫情怀。

第三节 食文化典籍

《齐民要术》

《齐民要术》是我国乃至世界现存最古老、最完整的综合性农书之一，素有"农业百科全书"之称，其作者是北魏时期的农学家贾思勰。

《齐民要术》大约成书于北魏末年，书名中的"齐民"是指平民百姓，"要术"是指谋生方法。这部著作系统地总结了六世纪以前黄河中下游地区农牧业的生产经验、食品的加工与贮藏、野生植物的利用等，对我国古代农学的发展产生了重要影响。尤其是书中专门记录饮食烹饪的篇章，是极其珍贵的烹饪史料，对我国饮食文化的发展意义重大。

贾思勰，益都（今属山东）人，出生在一个世代务农的书香门第，其祖上就很重视农业生产技术知识的学习和研究，这对他影响很大。

贾思勰从小博览群书，成年后曾任高阳郡（今山东临淄）太守等官职，到过山东、河北、河南等许多地方。每到一地，贾思勰都非常重视对农业生产技术的考察和研究，并向当地农民请教经验，因此获得了不少农业生产知识。中年以后，他回到故乡，开始经营农牧业，并掌握了多种农业生产技术。

贾思勰所生活的年代，正是北魏政权建立并逐步统一北方地区的时候。北魏孝文帝在社会经济方面实施的一系列改革，刺激了农业生产的发展，促进了社会经济的进步。

大约在北魏永熙二年（533年）到东魏武定二年（554年）期间，贾思勰把积累的古书上的农业技术资料和请教农民获得的实际经验，结合自己的亲身实践，加以分析、整理、总结，写成《齐民要术》一书。

《齐民要术》由自序、杂说和正文三大部分组成。正文共九十二篇，分十卷，共十一万字，书前有"自序""杂说"各一篇。

《齐民要术》的内容相当丰富，涵盖范围极广，特别是书中第八、九两卷，记录了关于饮食烹饪的文字二十五篇。涉及二十多种烹饪方法和近三百种菜品，包括造曲、酿酒、制盐、做酱、造酢、制豆豉、做菹、做鲊、做脯腊、制乳酪、烹制菜肴和制作点心等内容。

◎ 《齐民要术》影印本

《齐民要术》中记录的烹饪方法主要有酱、腌、糟、醉、蒸、煮、煎、炸、炙、烩、熘等。特别是其中"炒"制一法,将这种由旺火速成的烹饪方法明确记录下来,其影响深远,至今"炒"法已成为我国菜肴的最主要烹饪方法。

书中还记录了面团的发酵方法,以及十多种面点的制作方法。特别是详细记载了"水引"这种面食的制作方法,水引后来广泛被认为是现今面条的雏形。

在此之前,虽然制酱、制醋、制酒等技术已然发明,却没有文字资料对其制作方法加以详细记载。

《齐民要术》对于农产品加工、酿造、烹饪、贮藏等技术的记录,弥补了这个空白。如"作酱法"一节,既记述了豆酱的制作方法,也收录了肉酱、鱼酱、虾酱、榆子酱等的制作方法。

书中特别记载了十多种造曲酿酒的技术和四十多种酿酒方法,对于造曲的用料、用水、粉碎、卫生、发酵时间等过程都一一进行了论述。

此外,《齐民要术》还介绍了各地及少数民族的饮食习俗和菜肴名品,如"胡炮肉""羌煮""灌肠""炙蛎"等,内容十分丰富。

作为一部文字典籍,《齐民要术》也留下了妙语,如"一年之计莫如种谷,十年之计莫如树木。"其中还有许多佳句,至今仍为人们乐道。

《东京梦华录》

《东京梦华录》是一部追述北宋都城东京(今开封市)城市风物的著作,凡十卷,约三万言,作者为孟元老。

书中所记大多是宋徽宗崇宁到宣和(1102～1125)年间北

宋都城东京的盛况,描述对象上至王公贵族,下及庶民百姓,几乎无所不包。

其中,既有对京城的外城内城、河道桥梁、皇宫官衙、朝廷朝会、郊祭大典、歌舞百戏等风貌的记录,也有对民间的街巷坊市、店铺酒楼、民风习俗、时令节日、饮食起居等日常生活的描述。其中,诸多涉及当时饮食风俗的内容,是反映北宋饮食文化发展的重要文献。

孟元老,原名孟钺,生于北宋末年。孟元老在《东京梦华录·序》中说,自幼随父宦游南北,宋徽宗崇宁癸未年(公元103 年)来到京城,居住在城西的金梁桥西夹道之南,在京城长大成人。

靖康之难第二年(公元 127 年),孟元老离开东京南下,避地江南,遂终老此生。靖康之难后,中原人士大多随朝廷南下,故乡之思时刻萦绕心头。

在避地江南的数十年间,孟元老寂寞失落中也常回想当年东京繁华,自然无限惆怅。而与年轻人谈及东京当时繁貌,年轻人"往往妄生不然"。

为了不使谈论东京风俗者失于事实,让后人开卷能睹东京当时之盛貌,孟元老在怅然中提笔追忆当年东京繁华,编次成集,于南宋绍兴十七年撰成《东京梦华录》。

在《东京梦华录·序》中孟元老追述了当年东京极度繁盛的场景:

"正当辇毂之下,太平日久,人物繁阜。垂髫之童,但习鼓舞,斑白之老,不识干

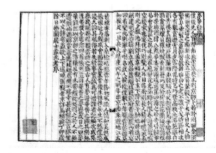

◎《东京梦华录》序

戈。时节相次,各有观赏:灯宵月夕,雪际花时,乞巧登高,教池游苑。

"举目则青楼画阁,秀户珠帘。雕车竞驻于天街,宝马争驰于御路,金翠耀目,罗琦飘香。新声巧笑于柳陌花衢,按管调弦于茶坊酒肆。

"八荒争凑,万国咸通,集四海之珍奇,皆归市易,会寰区之异味,悉在庖厨。花光满路,何限春游?箫鼓喧空,几家夜宴,伎巧则惊人耳目,侈奢则长人精神。"

在《东京梦华录》一书提到的一百多家店铺中,酒楼和各种饮食店占半数以上,其中既有"七十二户"大型高档酒楼,也有坊间的酒馆食肆、贩食摊子、夜市小食。

在《东京梦华录·卷二·饮食果子》一节,记录了当时的茶饭菜品,种类极其丰富。所谓的"茶饭",就有百味羹、头羹、新法鹌子羹、入炉细项莲花鸭、签酒炙肚胘、虚汁垂丝羊头、入炉羊羊头、炒蛤蜊、炒蟹、旋切莴苣生菜、西京笋等数十种。

篇中记录的果品有银杏、栗子、河北鹅梨、梨条、梨干、梨肉、胶枣、枣圈、桃圈、核桃、肉牙枣、海红嘉庆子、林檎旋乌李、李子旋樱桃、煎西京雪梨、尖梨、甘棠梨、凤栖梨、镇府浊梨、河阴石榴、河阳查子、查条等。做法考究,种类繁多,足见当时东京之食俗盛貌。

《东京梦华录》首以笔记体描述城市风土人情、掌故名物,自刊行以来,一直为文人墨客所喜爱,在谈及北宋晚期东京掌故时,莫不首引。

此后,又出现了以《都城纪胜》《西湖老人繁胜录》《梦粱录》《武林旧事》等为代表的反映南宋都城临安的同类笔记小说,这为后人了解当时的世俗人文、饮食风貌,提供了翔实丰富的资料。

《饮膳正要》

《饮膳正要》撰成于元朝天历三年(公元 320 年),全书共三卷,为饮膳太医忽思慧所撰,是我国第一部完整的饮食卫生、食疗及古代营养学专著,也是一部颇有价值的古代食谱。

在我国食疗史以至医药发展史上占有较为重要的地位,并对研究蒙古族、回族等少数民族的饮食文化具有重要意义。

忽思慧是一位很有成就的营养学家。他长期担任宫廷饮膳太医,负责宫廷中的饮食调理、养生疗病诸事。

忽思慧很重视食疗与食补的研究与实践。他在继承前代本草著作与食疗学成就的基础上,又汲取民间日常生活中的食疗实践,并把元文宗以前历朝宫廷的食疗经验加以总结整理,编撰成《饮膳正要》。

137

《饮膳正要》卷一讲的是诸般禁忌,包括养生禁忌、妊娠禁忌、乳母禁忌、饮酒禁忌,以及聚珍品撰。卷二讲的是原料、汤饮和食疗,如各种汤煎、神仙服饵、四时所宜、五味偏走、食疗诸病、食物利害和相反中毒等。卷三讲的是米谷品,如兽品、禽品、鱼品、果

◎《饮膳正要》插图

菜品和料物等。

　　同时,书中还搜集记录了许多少数民族的饮食资料,并汇集了历代朝中的奇珍异馔、食疗方剂,重点论述了饮食禁忌和卫生药理等问题。

　　忽思慧在书中深刻地论述了养生之道,特别是饮食与养生的辩证关系。他认为:

　　"心为一身之主宰,万事之根本,故身安则心能应万变,主宰万事,非保养何以能安其身。保养之法,莫若守中,守中财无过与不及之。

　　"病调顺,四时节慎饮食,起居不妄,使以五味调和五藏,五藏和平,则血气资荣,精神健爽,心志安定,堵邪自不能入,寒暑不能袭,人乃怡安。

　　"……有大毒者治病,十去其六,常毒治病,十去其七,小毒治病,十去其八,无毒治病,十去其九,然后榖肉、果菜,食养尽之,无使过之,以伤其正,虽饮食百味,要其精粹,审其有补,益助养之,宜新陈之异,温、凉、寒、热之性五味偏走之病,若滋味偏嗜,新陈不择,制造失度,俱皆致疾可者行之,不可者忌之。

　　"……孙思邈曰:谓其医者,先晓病源,知其所犯,先以食疗,食疗不愈,然后命药,十去其九。故善养生者,谨先行之,摄生之法,岂不为有裕矣。"

　　《饮膳正要》虽主要为皇帝延年益寿而著,但对民间百姓的生活也起到了很大作用,该书序言有云:

　　"中宫览焉念,祖宗卫生之戒,知臣下陈义之勤思,有以助呈上之诚身而推其仁民之至,意命中政院使臣拜住刻梓而广传之。

　　兹举也,盖欲推一人之安而使天下人举安,推一人之寿而使天下之人皆寿，恩泽之厚，岂有加于此者哉，书中之既成大都留守臣金界奴传。"

食疗的传统早在周代便已有之，当时的食医专管与饮食有关的医药问题，并将饮食作为治疗手段。

与此不同的是，《饮膳正要》首次为健康人的膳食标准立论，特别阐述了各种饮撰的性味与滋补作用，讲究以饮食营养滋补身体，求得强身养生的目的。

《饮膳正要》记载的药膳方和食疗方非常丰富，并制定了一套饮食卫生法则。其中，还阐发了饮食卫生、营养疗法，乃至食物中毒的防治方法等。明代名医李时珍所著《本草纲目》中，也曾引用该书的有关内容。

《闲情偶寄》

《闲情偶寄》是我国清代的一部戏曲理论专著，康熙十年（公元 671 年）写成，作者为李渔。该书包括词曲、演习、声容、居室、器玩、饮馔、种植、颐养等八部，其中的"饮馔部"专门论述了饮食之道。《闲情偶寄》一书在我国传统雅文化中享有很高声誉，被誉为古代生活艺术大全。

李渔原名仙侣，中年改名为李渔，字笠鸿，号笠翁，

◎ 李渔像

江苏如皋人,明末清初著名戏曲家。由于祖辈在如皋创业已久,李渔自幼生活富足,后来由于在科举中失利,便放弃了以仕途腾达来光耀门户的追求。

李渔素有才子之誉,世称李十郎。他曾在家中设立戏班亲自调教,并到各地演出,同时还有大量戏曲文学作品问世,《闲情偶寄》就是其中最为著名的一部。

《闲情偶寄》的"饮馔部"汇集了李渔的饮食文化思想。李渔的饮食之道主张,于俭约中求饮食的精美,在平淡处得生活之乐趣。李渔的饮食原则可以概括为二十四字诀,即:重蔬食,崇俭约,尚真味,主清淡,忌油腻,讲洁美,慎杀生,求食益。他在书中提出:

"声音之道,丝不如竹,竹不如肉,为其渐近自然。吾谓饮食之道,脍不如肉,肉不如蔬,亦以其渐近自然也。

"草衣木食,上古之风,人能疏远肥腻,食蔬蕨而甘之,腹中菜园不使羊来踏践。是犹作羲皇之民,鼓唐虞之腹,与崇尚古玩同一致也。"

其中的取道自然,正体现了中国传统文化对饮食之美的追求。

《闲情偶寄》文字清新隽永,内容典雅质朴,读后齿颊留香,余味无穷。它首开现代生活美文之先河,所提出的艺术化的生活理想,熏陶、影响了周作人、梁实秋、林语堂等一大批现代散文大师。

《随园食单》

《随园食单》是一部系统论述烹饪技术和南北菜点的重要饮食文化著作,出版于清乾隆五十七年(公元792年),作者是清代著名文学家袁枚。

袁枚，字子才，号简斋、随园老人，浙江钱塘(今杭州)人，乾隆、嘉庆时期代表诗人之一。乾隆四年(公元739年)进士，授翰林院庶吉士。乾隆七年外调做官，曾任江宁、上元等地知县，政声颇好。三十三岁父亲亡故，辞官养母，在江宁(今南京)购置隋氏废园，改名"随园"，筑室定居，自此开始了近五十年的闲适生活，成为一代文人名士。《随园食单》是他晚年整理写成的一部烹饪专著。

《随园食单》全书分为须知单、戒单、海鲜单、江鲜单、特牲单、杂牲单、羽族单、水族有鳞单、水族无鳞单、杂素菜单、小菜单、点心单、饭粥单和菜酒单等十四篇，着重论述了烹饪中的各类注意事项和应该克服的弊端，理论色彩很强。

◎《随园食单》

书中列举了三百余种菜肴、点心、粥、饭、酒、茶，上至山珍海味，下至清粥小菜，其菜品除了江南的地方风味外，还涉及鲁、徽、粤等地方风味，种类非常丰富。

在开篇的"须知单"中，袁枚以学问之道作比饮食，认为饮食和做学问一样要"先知而后行"，并从食材秉性、作料配伍、洗刷之法、调味搭配、火候掌握、迟速变换、器皿选用、上菜程序、时节取料、食器洁净、选料要求等方面对于食物烹饪的重要事项一一加以论述。

如在"先天须知"中，他强调了食材先天资秉的重要：

"凡物各有先天，如人各有资禀。人性下愚，虽孔、孟教之，无益也；物性不良，虽易牙烹之，亦无味也。

　　"指其大略：猪宜皮薄，不可腥臊；鸡宜骟嫩，不可老稚；鲫鱼以扁身白肚为佳，乌背者必崛强于盘中；鳗鱼以湖溪游泳为贵，江生者，必槎牙其骨节；谷喂之鸭，其膘肥而白色；壅土之笋，其节少而甘鲜；同一火腿也，而好丑判若天渊；同一台鲞也，而美恶分为冰炭。其他杂物，可以类推。

　　"大抵一席佳肴，司厨之功居其六，买办之功居其四。"

　　随后，在"戒单"中，袁枚对烹饪和饮食提出了"十四戒"，即"戒外加油""戒同锅熟""戒耳餐""戒目食""戒穿凿""戒停顿""戒暴殄""戒纵酒""戒火锅""戒强让""戒走油""戒落套""戒浑浊""戒苟且"。他认为，兴一利不如除一弊，要以此"戒单"提醒人们，应除去烹制食物和饮食品味之弊。

　　《随园食单》后面的十二个篇章分为十二类，用大量篇幅详细记述了三百二十六种南北菜肴饭点，以及当时的美酒名茶。分别列出海鲜单九种、江鲜单六种、特性单四十三种、杂性单十六种、羽族单四十七种、水族单四十四种、杂素菜单四十七种、小菜单三十九种、点心单五十七种、饭粥单两种、菜酒单十六种，内容从选料到品尝都有叙及。

　　其中，燕窝位于"海鲜单"之首，也是全书菜品之首，袁枚记之曰：

　　"燕窝贵物，原不轻用。如用之，每碗必须二两，先用天泉滚水泡之，将银针挑去黑丝，用嫩鸡汤、好火腿汤、新蘑菇三样汤滚之，看燕窝变成玉色为度。

　　"此物至清，不可以油腻杂之；此物至文，不可以武物串之。"

　　在这里，袁枚提出的燕窝做法是：取燕窝二两，先用烧开的天然泉水泡发，用银针挑去里面的黑丝。然后加嫩鸡汤、好火腿汤、新蘑菇汤三种汤一起煮,以燕窝变成玉色为度。他认为,燕窝至清,不可以油腻杂之;燕窝又非常柔软,因此也不可与硬物混杂。

《随园食单》中曾提及多位官僚、富商的府邸饮食,并常注以"某某家制法最精""某某家某菜极佳"等评语。由此可知,《随园食单》确实是袁枚在品尝百味的基础上撰写而成的。这不同于一般食谱从纸上抄录或道听途说的旧习,加之袁枚自身独到的精辟见解,使得该书具有极高的史料价值和使用价值。

总体而言,我国古代烹饪典籍的创作发展到清代进入了一个鼎盛时期。此间烹饪典籍众多,且不少都是集前代大成之作,还出现了以诗歌形式歌咏食品的专著。

除了上面提到的作品外,这一时期较为重要的烹饪专著还有顾仲的《养小录》、童岳荐编撰的《调鼎集》和黄云鹄的《粥谱》等。

第六章

民族饮食

第一节 森林和草原上的佳肴

饮食文化是具有标志性的民族文化之一，在很大程度上起着维系族群生活方式、情感和精神认同的作用。

中国是一个多民族国家，从北国边陲到南疆海岛，生活着不同的民族，丰富多彩的民族生活，共同构建了内涵博大的中华文化。

由于所处地域的不同，生产和生活方式、宗教习俗等方面的差异，各民族在食材、烹饪、饮食习惯上，都有着明显的特征。不同民族之间的交流和融合，也深刻地影响着中华饮食文化的发展。

我国东北地处寒温带和温带湿润、半湿润地区，茂密的森林，辽阔的草甸、草原，为畜牧业和农业的发展提供了优越的自然条件。在漫长的历史中，这片肥沃的土地孕育了满族、朝鲜族、鄂伦春族、蒙古族等多个民族。

我国北方，则主要是草原地貌，是以游牧为业的蒙古族的故乡。各个民族和平发展，创造出地域风情明显，而又各具特色的饮食文化。

🍃 山珍海味的满族

满族的历史可追溯到两千多年前的肃慎,其后裔一直生活在长白山以北、黑龙江中上游和乌苏里江流域。辽时称女真,后改称女直,明代复称为女真。

明末建州女真的首领爱新觉罗·努尔哈赤统一女真各部,建立后金政权,其子皇太极又改国号为"清",改族名为"满洲"。

满洲系"满珠"转音,梵称"曼珠师利",意为"吉祥"。1644 年,清军入关,入主中原。从此满汉杂居,饮食文化也相互影响、交融。

满人饮食风俗兼有游牧民族与农耕民族的特点,兼食肉类和谷类。史书中多有满族养猪食肉的记载。《晋书·东夷传》说:"(肃慎)多畜猪,食其肉,衣其皮……坐则箕踞,以足挟肉而啖之,得冻肉,坐其上令暖。"

此外,唐代黑水靺鞨则主要以养猪为生。《三朝北盟会编》卷三引《女真传》说:"其饭食则以糜酿酒,以豆为酱,以半生米为饭,渍以生狗血及葱韭之属,和而食之,芼以芜荑。"这是说,女真时期,饮食结构发生了变化,有了主副食的概念。其日常食物中多以米饭为主食,乳类制品、蔬菜和野菜等,也都成了常见的食物。

满族很早就有饮酒之俗。满族在南北朝至隋唐时称"勿吉""靺鞨",《魏书·勿吉传》:"有粟及麦,菜则有葵。水气咸凝,盐生树上,亦有盐池。多猪无羊。嚼米酝酒,饮能至醉。"

《北史·勿吉传》《新唐书·黑水靺鞨》亦有相似记载。所谓"嚼米酝酒",就是用口将"米"嚼碎,由于唾液酶可以发酵,起到酒曲的作用,将碎米贮存起来,经过一定的时间,酒即酿成。这是一种较为原始的酿酒方法。

自后金政权的建立到1644年清军入关,满族虽仍保持着"引弓之民"的生活传统,但狩猎已经不再是其主要的生产方式了。

此时,畜牧饲养和粮食种植的地位逐渐上升,满族人开始大面积种植粟、高粱、大麦、小麦、荞麦等,饮食习惯也随之改变。

此外,由于不断向外征战,各种外族食品以战利品或贡品的形式进入满人生活,例如茶饮及代茶饮品,其中包括芝麻茶、面茶、松罗茶、青茶、黑茶、奶茶等,大多从外族传入。

清人入关以后,饮食习惯汉化较为明显,有了烧、烤、煮、蒸、炖、炒、扒、焖、煨、炸、熬、煎、涮、拌、腌、熘、贴等多种烹调方法,食器也改为陶瓷品、金属器,而不再以木制食具为主了。

满族早期以渔猎生活为主,多食脂肪含量高的动物,可以帮助他们度过严寒的冬日。随着种植业的发展,高粱、小米、玉米和糜子成为满人的主食,并有了面食及米饭。满人在煮米饭时常加入小豆或豇豆,制成豆干饭。乳制品也是他们的生活必需品。

满人主食还讲究季节性,如春吃豆面饽饽,夏吃苏子叶饽饽,秋冬吃粘糕饽饽,过节吃饺子等。

满族饮食的特点大体上可概括为如下几个方面。

第一,以烧煮为主。清人袁枚在《随园食单》中曾指出"满洲菜多烧煮"。生烤和白煮是满族最有特色的烹调方法。

第二,喜食酸菜。渍酸菜不光是为了口味的独特,还是满人为度过漫长冬季的一种储藏蔬菜的方法。

第三,喜食猪肉。猪是满族先民饲养最普遍的家畜,白煮猪肉是满人常见的饮食。

第四,喜食粘食。粘食耐饿,也能帮助满人过冬。

第五,嗜饮酒。满族人一般不好饮茶,但好饮酒。黄酒是满族人最喜欢饮用的一种。这种习俗也与地方寒冷、酒能驱寒有关。

清末民初,东北民间有很多歌谣,很形象地道出了满族饮食的特点,如以下两首:

"南北大炕,高桌摆上。黄米干饭,大油熬汤。膀蹄肘子,切碎端上。四个盘子,先吃血肠。

"粘面饼子小米粥,酸菜粉条炖猪肉。平常时节小豆腐,咸菜瓜子拌苏油。"

满族人的许多节日与汉族相同,节日饮食也相近,如腊月初八吃"腊八粥",除夕吃饺子,祭祀以猪和猪头为主要祭品等。

有名的满族传统民族食物很多,如白肉酸菜血肠、萨其马等。满族人喜吃猪肉,并在长期的生活中形成了成熟而独特的烹调猪肉的技术。

清人姚元之《竹叶亭杂记》云:"主家仆片肉锡盘飨客,亦设白酒。是日则谓吃肉,吃片肉也。"这说的就是白肉。其做法是将皮薄肉嫩的肥猪腰盘肉或五花肉切成块状,放入清水锅中,佐以葱、姜、大料、花椒、盐等煮熟后,切成薄片,味道鲜美,肥而不腻。

血肠的做法是将新鲜猪血拌以调料和鲜汤,攒碎后灌于洗净的猪肠内,煮熟、切成片即成。白肉、血肠片可佐以蒜泥、韭菜花、辣椒油冷

◎ 满族名菜"白肉酸菜血肠"

食,亦可将之与酸菜、粉条、调料、老汤一起煮炖热食,就做成了白肉酸菜血肠。

此外,满汉全席,又称"满汉燕翅烧烤全席""满汉大席""烧烤全席",是我国古代最为庞大的看馔系统,是满、汉各族饮食文化融合的结晶。本书第二章已有详述,在此不再赘述。

满族饮食文化是东北饮食文化的主流,对我国饮食文化也有着广泛而深远的影响,北京菜系也是在满族传统饮食的基础上发展而来的。

以酱为伴的朝鲜族

中国朝鲜族是一个迁入民族。17 世纪,就有来自朝鲜半岛的朝鲜军人被俘虏后留在东北。从 19 世纪中叶开始,由于朝鲜北部连年灾荒,加之官府沉重的苛捐杂税,朝鲜灾民大批迁徙到中国东北边疆地区。

他们大多从事农业生产,部分从事林、副业,在长期的历史中,逐渐形成了一个保持鲜明民族传统和基本特征的民族——中国朝鲜族。

朝鲜族今日常见的民族饮食,都有着悠久历史。朝鲜族泡菜在古时是用盐或大酱、酱油腌制的,辣味调料主要是大蒜、生姜等。

16 世纪中叶以后,辣椒传入朝鲜半岛,泡菜的制作方式和特点就基本定型了。18 世纪朝鲜族的有关文献中已有打糕的记载,当时称"引绝饼"。此外,据一百多年前的《东国岁时记》记载:"用荞麦面沈清和猪肉名曰冷面。"这是有关朝鲜冷面的最早记载。

朝鲜族人民用自己的智慧,创造了本民族丰富的饮食文化。他们主要从事农业,以大米为主食,辅以少量杂粮和面粉等,其饮食特点主要表现为以下几点。

第一,崇尚天然。朝鲜族人往往选取多种山野菜和多种蔬菜的叶茎,蘸酱生食。此外,朝鲜族主食以米饭为主,米饭制作松软清香,菜肴则以生拌、凉拌、煮、煎、炒为主,技艺简单,以求保持食材的原味。

第二,喜喝汤。朝鲜族人几乎每餐都有汤,汤有凉汤和热汤之分。日常汤用石锅炖制,有狗肉汤、参鸡汤等,基本不用辛香料。大酱汤是朝鲜族最为著名的菜肴,一般用大酱、蔬菜、海菜、豆腐、葱、蒜等原料和清水制作,有时也用肉类熬制。

第三,喜吃辣椒。朝鲜族人一般以辣椒作为菜和汤的调料,也有腌制辣椒,或以生辣椒蘸酱食用。

第四,泡菜是朝鲜族的代表性食物。辣白菜是朝鲜族世代相传的一种佐餐食品,其独特的腌制技术保留了蔬菜的鲜嫩质地和天然的味道,深受朝鲜族人民喜爱。

此外,朝鲜族人还爱吃狗肉。朝鲜族医学认为,狗肉具有温中补肾、强身健体之功效。朝鲜族谚语就有"**狗肉滚三滚,神仙站不稳**"之说,以喻狗肉味道的鲜美诱人。

狗肉汤也是朝鲜族人钟爱的食物。朝鲜族往往在三伏天宰杀狗、吃狗肉汤,而在节日,或办红白喜事时,却是绝对不吃狗肉的。狗肉汤的传统吃法是把狗肉炸熟后,吃掉一部分,在剩下的肉汤里放入大酱和干白菜等蔬菜继续炖,成为狗酱汤。

延边和牡丹江一带的朝鲜族,则是先将狗肉放入清水里煮熟,捞出内脏作为下酒菜,等锅里的肉烂熟后,捞出来撕成丝,放入碗中肉汤里,称为"狗肉汤"。

狗肉汤要配狗酱吃,"狗酱"的做法是将煮熟的肠子剁碎后,与酱油、辣椒面、蒜泥、葱花、野苏子叶等调味品拌成糊状。

食狗内脏和狗肉汤时,都要蘸这种"狗酱"。狗肉汤是朝鲜族"汤文化"的代表食品之一。

朝鲜族还有吃"五谷饭"的习俗,即用江米、大黄米、小米、高粱米、小豆做成的五种谷类饭。新罗时代,以正月十五为"乌忌之日",要用五谷饭祭乌鸦。这一天,农民还将五谷饭放入牛槽,认为牛先吃的那一种将会获得丰收。

朝鲜冷面,又叫"高丽面",是将荞麦粉、小麦面、淀粉混合压而制面条,也有用玉米面、高粱米面加榆树皮面制成。其做法是,将面条在煮熟后捞出,用冷水反复浸泡、沥干,拌上香油、胡椒、辣椒面、盐、酱、醋、味精、芝麻、泡菜等佐料,再放上熟牛肉片、鸡蛋、苹果片等,浇汤冷食。

朝鲜族人吃冷面,非常讲究用汤,有"七分汤,三分面"之说。汤有肉汤、豆汁汤、泡菜汤等,冷却后去油,方可食用。朝鲜冷面以滑润筋道、酸甜清爽而闻名,是朝鲜族人四季爱吃的食物。按照传统,正月初四中午,朝鲜族都要吃冷面,据说可以长命百岁。

打糕,又称豆糕,是著名的朝鲜族传统风味小食,年节、喜事及待客时都要做打糕。其做法是,先把糯米浸泡三至四小时,然后捞出来洒少量盐水蒸熟,再将蒸熟的米放到木槽或石槽里,用木槌反复推压、捶打,直到米粒全部被打碎,最后将其盛入盘里,用刀割成小块,裹上熟黄豆面或小豆沙食用。

朝鲜族很重视食礼,有尊老敬客的传统。此外,朝鲜族的日常饮食还特别讲究食补和食疗,讲求以饮食养护身体健康。

◎ 朝鲜族"打糕"

❧ 对酒割肉的蒙古族

　　蒙古族是一个历史悠久、勤劳勇敢而又富有传奇色彩的民族。千百年来，蒙古族过着"逐水草而迁徙"的游牧生活，中国的大部分草原都留下了蒙古族牧民的足迹。

　　中国蒙古族主要聚居在内蒙古自治区，此外，东北三省、新疆、甘肃、青海等地，也有蒙古族居住，他们主要从事畜牧业和半农半牧业。

　　各地蒙古族由于地理位置、自然条件、生产发展状况的不同，在饮食习惯上也不尽相同。在牧区，蒙古族以牛羊肉、乳食为主食，在农区、半农半牧区，他们的饮食习惯与汉族大体相同。

　　"蒙古"最初只是蒙古诸部落中一个部落的名称。13 世纪初，以成吉思汗为首的蒙古部统一了蒙古地区诸部，逐渐形成了蒙古族。

　　蒙古族早期从事狩猎，主要以猎获物为食品，食物并不丰富。宋人彭大雅的《黑鞑事略》中记载了蒙古人饮食习惯：

　　"其食，肉而不粒。猎而得者，曰兔，曰鹿，曰野彘、曰黄鼠，曰顽羊，其脊骨可为杓，曰黄羊，其背黄，尾如扇大，曰野马，如驴之状。

　　"曰河源之鱼，地冷可致。牧而庖者，以羊为常，牛次之。非大宴会不刑马。火燎者十九，鼎煮者十二三。"

　　由此可见，蒙古人大块吃肉的烹饪方法主要是烤制，其次才是煮食。

　　《黑鞑事略》还记载了酸马奶的制作过程："马之初乳，日则听其驱之食，夜则聚之以秫（手捻其乳曰秫），贮以革器，洏洞数宿,微酸,始可饮,谓之马奶种。"其做法是,将挤好的马奶盛装在皮囊等容器中,反复搅动或驮于马身上任其自然颠簸,使奶在剧烈撞击下温度不断升高,产生酸味以后就制成了酸马奶。

酸马奶继续发酵并产生分离,渣滓下沉,醇净的乳清上浮,便成了蒙古族的佳酿马奶酒。马奶酒清冽甘甜,不膻不醉,回味无穷。蒙古国名臣耶律楚材曾有诗赞其曰:"浅白痛思琼液冷,微甘酷爱蔗浆凉。茂陵要酒尘心渴,愿得朝朝赐我尝。"13世纪意大利旅行家马可·波罗在其《马可·波罗游记》中提道:"鞑靼人饮马乳,其色类白葡萄酒,而其味佳,其名曰忽迷思。"

至今,蒙古族人民依然沿袭着祖先制作酸马奶和马奶酒的简朴工艺。

蒙古帝国建立后,农业和畜牧业有所发展,蒙古人的饮食结构也发生了变化。据《蒙鞑备录》记载:"……必米食而后饱,故乃掠米麦,而于扎寨亦煮粥而食。彼国亦有一二处出黑黍米,彼亦煮为解粥。"除了粥外,这一时期蒙古人还食用炒米、奶油或酸奶煮面糊、粗糙的面包等。

元蒙成立后,饮食文化空前丰富。元朝宫廷饮膳太医忽思慧所撰《饮膳正要》一书,记录了元蒙时期朝野的各种饮食,其中既包括驼羹、牛蹄筋、马乳等菜肴,也介绍了汤、面、粥、饼、馒头等主食,以及各种具有食疗或保健效果的食物,内容十分丰富。

茶也于此时为蒙古族所引进,成为蒙古人日常饮品。蒙古族传统饮食文化于此时奠定了基础。

游牧生产方式,以及抵御草原高寒气候的需要,使得蒙古族主要以肉食和奶品为主。农区主要种植玉米、黄米、小米、糜子米、小麦等，以粮食为主食。一日三餐，中餐不定时。蒙古族的饮食特点表现为以下几点。

第一，先红后白。蒙古族将食物区分为"白食"和"红食"两种。白食即各种奶制品，主要是马乳；红食即各种肉制食品，以牛羊肉为主。蒙古族就餐时先吃红食，后吃白食。

第二，烹调方法主要是烤和煮。蒙古族所食用的蔬菜种类很少，以土豆、白菜、口蘑、蕨菜为主，一般只是简单炒制或煮。对于各种肉类，则多为烤制。

第三，每天离不开茶。除红茶外，蒙古族人普遍饮用奶茶。除奶茶外，其他乳制品如奶食、奶油、奶糕等也都是蒙古族的日常食品。夏季他们还以酸奶拌饭或清饮，以清暑解热。

蒙古族人以白为尊，以乳象征高贵吉祥，蒙古族人称赞他人时常说其心地像乳汁一样洁白。若有人不慎将奶汁弄洒了，就会立刻用手指蘸了抹在额上，口称"啊唏，折福了"，而如果是掉了一点儿肉在地上，就不会很在乎了。

各种宴会上，蒙古族人都会用白食开路。主人端来一只盛奶的银碗，按照辈分或年龄，让客人依次品尝。客人无论年龄多大，都要跪接银碗，这里不是给主人跪，而是给乳汁下跪。

铁板烧也是蒙古人的发明。传说，一次成吉思汗打猎宿营野外时，见士兵用篝火烤肉，而肉被熏焦变黑。他于是取来一只铁盔，放到篝火上，用腰刀将猎物肉削成薄片，贴在铁盔上，肉很快被烤得外焦里嫩。"铁板烧"这一烹调技法就这样诞生了。成吉思汗西征时，铁板烧传到欧洲，后来又传到东南亚和日本等国，由此风靡世界。

蒙古族人有"暖穿皮子，饱吃糜子"之说，所谓"糜子"就是炒米，炒米是用蒙古特产糜米制成的，俗称蒙古米。蒙古人每日要喝两顿茶，喝茶就离不开炒米。所以日常出牧、行猎，也都随身带着炒米。

炒米的做法较为复杂，先要将糜米淘净，在开水中煮得破开米嘴后，捞起放在筛子里晾干。破开米嘴的糜子炒出的炒米发硬，经得起咀嚼，称为"蒙古炒米"；如果不等破开米嘴就捞出，炒出后经不起咀嚼，被称为"汉人炒米"。然后，将选好的砂子在锅中烧红，倒入晾干的糜米，等到米粒爆起来，出锅，分开砂子和炒米，就可以食用了。

炒米有多种吃法，可以用肉汤和肉丁煮炒米粥，也可用奶茶煮炒米粥，还有用肉汤冲泡炒米、用奶茶加盐或糖冲泡炒米、外出时干嚼等吃法。

手把肉，就是手抓羊肉。近代方志《蒙旗概观》云："食肉在半熟略熟之际，即刀割而食。蒙古人之通常之食量颇巨，每日饮茶十数碗，餐肉十数斤，饥甚颇有食全羊之事，然偶值三、五日不食，亦无关也。"这说的就是手把肉了。

手把肉的做法，是将整只羊或部分羊肉放入锅里，用大火煮，不加任何调料，等到表面熟了即可捞起食用。吃时，一手抓羊肉，一手拿蒙古刀，割肉蘸调料吃。手把肉味道鲜美，不膻不腻，很受蒙古族人喜爱。

烤全羊是蒙古族宴请宾客时的大餐。据《元史》记载，12世纪蒙古人就"掘地为坎以燎肉"了。烤全羊的制作方法是将整羊开膛去皮，在羊胸腔中放入盐、葱等佐料，封好后架于火上烘烤。

蒙古族人讲究用杏木疙瘩烧火，其火旺而无烟。烧烤时要不时翻转羊身，使其

◎ 蒙古名菜"烤全羊"

均匀受火，直到羊肉表面金红油亮、外焦里嫩为止。此外，也有土封后再烘烤的做法。

烤全羊做好后，食客围绕着烤熟的全羊，割肉而食，不用任何作料，羊肉香醇味美。这可谓蒙古族最有特色的一道风味美食。

第二节 丝绸之路上的清真美味

中国的西北部地区也生活着多个少数民族。这里的地形以高原、盆地为主，地广人稀，气候干燥少雨，多风沙天气。

在古代，西北地区是连接中国和中亚乃至欧洲的通道，有"丝绸之路"的美称。今天生活在这一区域的少数民族有回族、维吾尔族、哈萨克族、东乡族、土族、锡伯族等。

食俗谨严的回族

回族是我国一个较为古老的民族，主要生活在西北地区，同时全国各地都有回民居住，是我国分布最广的少数民族。回族与其他信仰伊斯兰教的民族一道，创造和发展了我国的清真饮食文化。

回族一直坚持着严格的饮食习惯和禁忌，讲求"饮食净"，即食物的可食性、清洁性及节制性。

清代回族学者刘智在《天方典礼择要解》中的提出："饮食，所以养性情也"，"凡禽之食谷者，兽之食刍者，性皆良可食。"

回族一般选择貌不丑陋、性不贪婪懒惰、蹄分两瓣、能反刍的食谷之禽、食草之兽为食，如牛、羊、驼、兔、鹿、獐、鸡、鸭、鹅、雁、雀、鱼、虾等。

有关回民饮食，元代《膳正要》的"聚珍异馔"中收入了马思答吉汤、八儿不汤、沙乞某儿汤、杂羹、秃秃麻食、乞马、乞马粥、撒速汤、河西肺、脑瓦剌、细乞思哥、撒列角儿、颇儿必汤、米哈讷关列孙；"诸般汤煎"中收入答必纳饼儿；"米谷品"中收入河西米、葡萄酒、阿剌吉酒、速儿麻酒；"果品"中收入八檐仁、必思答；"菜品"中有芫荽等。

元末明初《居家必用事类全集》中记载了卷煎饼、糕糜、酸汤、秃秃麻食、八耳塔、哈耳尾、古剌赤、没克儿正剌、海螺撕、即尼正牙、哈里撒、河西肺等十二种食品。

清真全席在清代名列宫廷大宴，是最具代表性的回族传统食物。

回族饮食对汉族有一定的影响，如元朝时回族的秃秃麻食、舍而别，明代的哈尔尾、卷煎饼，清代的豌豆黄、塔斯蜜等。

人们一般将回族饮食称为"清真菜"，其表现为如下的特点。

第一，以面食为主。回族人精于制作面食，诸如拉面、馓子、饸饹、长面、麻食、馄饨、油茶、馄馍等，都是其代表性食品。据统计，回族饮食中，面食占所有饮食品种的百分之六十多。

第二，喜食甜食。这是阿拉伯世界普遍的饮食特点。回族名菜中，如它似蜜、炸羊尾、糖醋里脊等，都是甜味菜肴。此外，凉糕、切糕、八宝甜盘子、甜麻花、甜馓子、糁糕、江米糕、柿子饼、糊托等,也都是回族人爱吃的食品。

第三,喜爱吃牛羊肉。伊斯兰教倡导食用牛羊鸡鸭鱼等肉,认为"驼、牛、羊具纯性,补益诚多,可以供食",而禁食猪、驴骡及凶禽猛兽之肉。

牛羊肉泡馍是西北人民钟爱的食品。羊肉泡馍是在古代"羊羹"的基础上发展起来的。制作时,先将牛羊肉加葱、姜、花椒、八角、茴香、桂皮等佐料煮烂,汤汁备用。顾客将白面烤饼掰碎成黄豆般大小放入碗内,由厨师添加熟肉、原汤,并配以葱末、白菜丝、料酒、粉丝、盐、味精等调料,单勺制作而成。牛羊肉泡馍的吃法有单走、干拔、口汤、水围城四种。

◎ 回族名食"秃秃麻食"

秃秃麻食是回族最古老的食品之一。元代忽思慧《饮膳正要》曰:"秃秃麻食,一作手撇面。以面作之。羊肉炒后,用好肉汤下,炒葱,调和匀,下蒜醋香菜末。"明朝《居家必用事类大全》里也有相关记载:"秃秃麻食,又名秃秃么思,如回族食品,用水和面,剂冷水浸,手搓成薄片,下锅煮熟,捞出过汁,煎炒、酸水,任意食之。"

现在麻食的制作方法与古人相似。其做法是将和好的面搓成约筷子粗的圆形条,再掐成小于蚕豆的面剂,放在案板或新草帽糟上用拇指向前搓碾,形如耳朵,故俗称"猫耳朵"。

然后,将肉类、豆腐、红白萝卜切丁,配以黄豆、木耳、黄花、葱花等炒好备用。水沸时将麻食下入锅内,掺以炒好之菜,煮熟后,可拌调料食用。

粉汤也是回族人喜爱的食品,常用于古尔邦节和肉孜节待客。其制作方法是将纯豆类淀粉做成粉块,加以羊肉、肉汤、西红柿、菠菜、红辣椒、醋、胡椒粉和水发木耳等做成汤,即成粉汤。

粉汤以羊肉水饺粉汤最为美味。做羊肉水饺粉汤要先将羊肉水饺煮熟捞出,再将少量羊肉丁略炒后放入羊骨头汤中。汤煮开后,倒入粉块,并撒上香菜、韭菜、鸡蛋饼、辣椒油,然后把调好的粉汤浇在水饺上即可食用。

无馕不欢的维吾尔族

维吾尔族是我国西北地区另一个古老的民族,主要生活在塔里木盆地周围和天山以北地区。维吾尔族以农业为主,种植棉花、小麦、玉米、水稻等农作物。

由于其特殊的生存环境、特定的民族发展历程以及多元的民族宗教信仰,维吾尔族表现出鲜明的民族个性,创造了别具特色的饮食文化。

维吾尔族的祖先"丁零"是游牧民族,以肉食为主,"渐加粒食",副食多是"稷、黍、麦、豆、麻"。回鹘西迁后,在高昌回鹘王国境内生产的农作物种类增多,但仍以肉食为主。

据陈城的《西域番志·别失八里》载:"饮食惟肉酪,间食米麦面,稀有菜蔬。"但随着农业的发展,维吾尔族逐渐以面、粟为主食,并食用胡萝卜、洋葱、韭菜、葱、蔓菁、芹菜、黄瓜等蔬菜。维吾尔族将米与羊肉、胡萝卜、葡

◎ 维吾尔族"烤馕"

萄干、洋葱等混合烧炖,称之为"朴劳",它是当时维吾尔族很流行的食品。

维吾尔族传统节日"诺肉孜节"到来时,家家都会熬煮诺肉孜饭,它是用五谷颗粒与蔬菜熬煮而成的。这不仅是维吾尔族从农的标志,也表现出农耕细作、来年五谷丰登的富饶之貌。

维吾尔族严格遵守伊斯兰教饮食禁忌,禁食猪、驴、狗、骡、骆驼和自死的动物之肉,及一切动物之血。在饮食习惯上也有不少规矩,如不留剩食,不将已取的食物再放回盘中,不随便到锅灶前去等。

维吾尔族饮食,既是本民族人民生活劳动的结晶,也是多种文化交流的产物,表现出明显的特征和多样性的统一。其饮食特色可以概括如下。

第一,主食以面食为主。其中馕类食品有二十余种,此外还有吃法多变的面条食品。

第二,副食以牛羊肉和水果为主。宗教和地域的因素,使得维吾尔族喜食牛羊肉为主。同时,新疆地区独特的自然条件使得瓜果产量和质量都非常高,维吾尔族有食用瓜果、制作干果的习惯,干果产品多产而丰富。

第三,烹饪技术多样。维吾尔族丰富的饮食依赖丰富的烹调方法,如烤、煮、炖、焖、煎、蒸、炒、炸、腌、熏等,都被广泛使用。孜然是维吾尔族人最常用的调味品之一,不管在烧烤羊肉时,还是在烤包子、薄皮包子,甚至是在炒菜时,都不离此物。

此外,维吾尔族的烤馕也有着悠久的历史。元代丘处机西行途经北庭时,当地回鹘官员即以"大饼"招待,这就是馕。在吐鲁番阿斯塔那墓区发现的残馕,将馕的历史追溯到唐朝。

11 世纪穆罕默德·喀什噶尔在《突厥语大词典》中提到的馕多达十八种。

馕是维吾尔族的一种标志性食物,当地人通常每天有一两顿要吃馕。维吾尔族俗语云:"宁可三日无菜,不可一日无馕。"所以维吾尔族人对馕非常珍惜,视为圣物。

同样,维吾尔族人将盐也像对馕一样崇敬。维吾尔族人发誓时会常说"以盐为证"或"不信我愿意踩踏馕"(意译:对天发誓)等,人们一般忌讳借食盐,认为如果将食盐借出去,会影响家庭的兴旺。

维吾尔族人的结婚仪式上,要安排一位姑娘捧出一碗泡着两块小馕的盐水,站在新郎新娘之间。新郎新娘抢着用手捞碗里的馕,先捞到的表示最忠于爱情。

此外,主婚人还会向新郎新娘赐盐水一碗、馕一小块。新郎新娘将馕蘸着盐水吃进去,表示将同甘共苦,共创美好生活。

抓饭是维吾尔族人最喜爱的传统食品之一,维吾尔语称"婆罗",它是用大米、羊肉、胡萝卜、洋葱、食油等原料做成的饭。吃这种饭时,要用手抓着吃,故俗称"抓饭"。

抓饭的种类很多,可以用牛肉、鸡肉代替羊肉,也可以用葡萄干、杏干、鸡蛋、南瓜等作辅料,做成口味不同的抓饭。抓饭味道鲜美、营养丰富,是维吾尔族人婚丧嫁娶、年节待客常用的美味佳肴。

银丝擀面是维吾尔族最具特色的日常面食,维吾尔语称"玉古勒",即细面的意思。维吾尔族经常用玉古勒来招待客人。做银丝擀面时,要用鸡蛋、盐和面,擀成纸样薄,均匀细切成银丝,用羊肉汤或羊排骨汤下面,有时还要同时下入羊肉丸子、西红柿、香菜。银丝擀面细软却不断不烂,味美且易于消化。

米肠子与面肺子均以羊的内脏作为原料,有着独特的风味。其制作方法是将羊肝、羊心和少量羊肠油切成小粒,加适量胡椒粉、孜然粉、精盐与洗净的大米拌匀作馅,填入洗净的羊肠内。将和好的面用水洗出面筋,搅成面浆,加入油和盐。然后取小肚套在肺气管上,用线缝接,将面浆灌入小肚,挤压入肺叶。再用同样的方法,将以精盐、清油、孜然粉、辣椒粉调好的水汁灌入肺叶。除去小肚,扎紧气管。将米肠子、面肺子、羊肚和加有少许辣椒粉的面筋放入锅中水煮。为防止肠壁胀破,半熟时还须在肠子扎眼放气。

马奶醉人的哈萨克族

我国的哈萨克族主要分布于新疆伊犁哈萨克自治州、巴里坤哈萨克自治县和木垒哈萨克自治县,还有少数聚居在青海、甘肃等省内。

哈萨克也是一个古老的民族,其历史可追溯到西汉的"乌孙",它是由我国古代西北部许多部族逐步融合而成的。"哈萨克"这一族称最早见于15世纪中叶,他们是"丝绸之路"的开发者和经营者之一。

历史上,绝大多数哈萨克族人过着逐水草而居的游牧生活,其饮食依赖畜牧业,形成了以肉、奶、茶、面等为主的饮食习惯。

哈萨克人传统上以肉食、奶食品为主,基本上不吃蔬菜,爱喝奶茶。这种生活一直延续到今。

哈萨克人的肉食主要是羊肉、牛肉和马肉,以羊肉为多。最主要的吃法是手抓羊肉,就是将大块羊肉用清水煮熟后,拌以洋葱食用。

每年的 11 月和 12 月,哈萨克人将牛、羊、马宰杀后,将其用松柴烟熏干保存,其中熏马肠味道尤其香美。

哈萨克人称烤肉为"哈克塔汗叶特",喜欢将猎物的碎肉装进动物的肚子里,烤熟食用。

哈萨克人认为"奶子是哈萨克的粮食",他们将羊奶、牛奶、马奶、骆驼奶酿成奶子,鲜奶子、酸奶子、奶皮子、奶豆腐、奶疙瘩、酥油、酥酪、奶糕、马奶酒等都是有名的奶制品。其中马奶子酒最为哈萨克人所钟爱。

哈萨克族宰羊待客时,不能选取黑色的羊。宰羊之前要先将羊牵到客人休息的地方,将羊头拉进门内,伸出双手请求客人说:"请允许吧!"客人同意后才能把羊牵出去宰杀,并在露天搭灶煮肉。然后,铺设餐巾,摆上包尔沙克(油果)、奶疙瘩、奶豆腐、酥油等,主客围着餐巾席地而坐,主妇蹲在壶具旁调配奶茶。

喝完奶茶,换饮马奶酒。主人邀请客人唱歌、跳舞或讲故事。然后,才用大盘端上煮熟的羊肉,并将羊头送到贵客面前。

客人用小刀先割下一块肋帮肉,敬给在座的长者,再割一只羊耳朵给主人的小孩,接着自己割食一片,然后将羊头还给主人,以此表示对主人的谢意。这时,大家才可以一起手抓羊肉食用。

马奶子是用马奶发酵酿制而成的。制作方法是将刚挤出的马奶装在牛皮桶里,

◎ 哈萨克族"马奶子"

加入陈奶酒曲,然后将桶放置在一定的温度下使其发酵,每天以木杵搅动数次,几天后就制成了略带咸酸和酒香的马奶子。

那仁,也叫手抓肉或手抓肉面。哈萨克族人将煮熟的肉切成块,再在肉汤里下一些薄面片,煮熟之后捞出,放在大盘子里,再把切好的熟肉置于面片上,浇上用鲜肉汤浸过的皮芽子汁,拌好后即可食用。

第三节 独特而多样的西南饮食

我国西南少数民族地区,包括川、滇、黔、青、渝、藏四省一市一区,横跨青藏高原、云贵高原和四川盆地。地形地貌复杂,高山、深谷、丘陵、平原交错,自然风光或壮阔,或优美,或险绝。

在这个区域内生活着藏族、苗族、壮族、侗族、彝族、羌族等少数民族。他们凭借丰富的自然环境和生物的多样性,以农、牧、渔、猎、采集为生,维持着多元共生的文化生态,并形成了极为丰富的民族饮食传统。

西南地区的饮食特点是,嗜辣喜酸,菜肴味多、味广、味厚、味浓。

🌥 酥油飘香的藏族

藏族是我国的古老民族之一,分布在西藏、青海、甘肃、四川、云南等省区。

藏族地区主产青稞,并以此制成糌粑作为主食,畜牧业也很发达,奶制品有酥油、酸奶、奶渣等。

藏族的饮食文化具有悠久的历史。早在公元1世纪前后,西藏就已经开始将农田和牧地合并,种植青稞,放牧牛羊,制作糌粑和酥油。

公元6世纪,吐蕃开始与中原内地、中亚各国通商,尤其是文成公主入藏后,藏族引进了大量烹调原料和技法,食材涉及粮食、畜乳、蔬菜、瓜果等门类。及至清光绪年间,内地饮食文化再次大规模地传入西藏。当时藏族人称"满汉全席"为"嘉赛柳觉杰",意思是汉食十八道。拉萨、江孜、日喀则等地市场上的蔬菜、瓜果、厨具开始多了起来,西藏的饮食文化进入了新的发展阶段。

藏族生活在高寒地带,为了抵御寒冷,普遍食用高脂肪、高热量的食物。藏族农牧民的主食是糌粑,此外还有奶酪、黄油、酸奶等乳制品,以及酥油茶和干肉,一般不食蔬菜。

藏人在食肉方面有不少禁忌,一般只吃牛羊肉,而不吃马、驴、狗、骡肉,有的人连鸡肉、猪肉、鸡蛋也不食用。绝对禁止食用鱼、虾、蛇、鳝以及海鲜类食品。

藏人吃肉有生吃、风干吃及煎、炒、烹、煮几种吃法。由于气候干燥,肉风干后可以经年保存,所以,吃干肉至今在当地仍然盛行。藏餐普遍较为清淡、温和,做菜大多只用盐巴和葱蒜作辅料,很少添加辛辣的调料。

藏人喝青稞酒时讲究"三口一杯",即先喝一口后斟满,再喝一口后又斟满,喝了第三口后再斟满,这才饮尽。

酒宴上,男女主人要唱着酒歌敬酒,重要的宴会还要请专门敬酒的女郎,藏语称为"冲雄玛",她们身着华贵的服饰,唱着酒歌,轮番劝酒,直至客人醉倒为止。

酥油茶是极具藏族特色的风味饮品。其制作方法是将新鲜的牛奶煮沸,等到因水分蒸发而生出小气泡时,改为用微火,约一个小时后,液体的表面出现一层金黄色薄膜,这就是奶油。将奶油捞出后倒入酥油桶内,快速搅拌一段时间后就会有黄油凝固,将凝固的黄油用清水冲洗干净,冷却后即为酥油。

喝茶时,将烧开的茶倒入桶内,放入大块酥油,用棒子搅拌,直至油茶完全混合,然后再倒进锅里加热,香味扑鼻的酥油茶便制成了。

酥油糌粑是藏人的主食。做法将洗净晾干的青稞、豌豆和燕麦炒熟,一并磨成粉状,这就是糌粑面。食

◎藏族"酥油茶"

用时,先在碗里放上一些酥油,然后冲入滚烫的茶水。

喝时用嘴将酥油吹到碗边,只慢慢啜饮茶水,等喝完一半时,将糌粑面倒入,并放入曲拉、糖,用手指在碗内拌匀,并捏成块状后食用。酥油糌粑味道香美,且有润肺功效,藏人百食不厌。

喜食酸辣的苗族

苗族是我国古老民族之一，其历史可以追溯倒五千年前。苗族现主要聚居在贵州省东南部、广西大苗山、海南岛及贵州、湖南、湖北、四川、云南、广西等省区的交界地带，地理位置较为偏远，但气候温和。

苗族主要靠种植业为生，以大米为主食，饮食习惯近于汉人。贵州黔东南的苗族人在清代时种耐寒的糯谷，全年多吃糯米饭。

清代《黔南识略》载："镇远府，黑苗，族大寨广，勤耕作，种糯谷。""苗人惟食糯米。"

清代田雯《黔书》载，苗人"凡渔猎所获，咸糜于一器，名曰'菜'，珍为异味，愈久愈贵，问其富，则曰藏几世矣。"这是说，苗人以保存食物年头多少论贫富。苗人的蔬菜也多采取腌制的方法保存，并形成了酸食的传统。

苗族普遍采用腌制法保存食物，鸡、鸭、鱼、肉、蔬菜都喜欢腌成酸味的，另称腌制食品的坛子为酸坛。

苗族做菜喜欢放酸汤，做成酸味菜肴。酸汤是用米汤或豆腐水，放入瓦罐中发酵而成。除了酸味外，苗人也喜辣，并以辣椒为主要调味品。

苗族肉食多来自产家畜、家禽，四川、云南等地的苗族喜吃狗肉，有"**苗族的狗，彝族的酒**"之说。蔬菜主要是豆类、瓜类和青菜、萝卜等，豆制品也颇常见。

◎ 苗族"酸汤鱼"

苗族人喜爱饮酒，酿酒历史悠久，工艺精湛。《黔南识略》载，乾隆年间，黔东苗族就常"**吹笙置酒以为乐**"。日常饮料则以油茶最为普遍。

苗族好客，常杀鸡宰鸭招待客人，并习惯请客人饮牛角酒。吃鸡时，鸡头要敬给年纪最长的客人，鸡腿则给年纪最小的客人。有的地方还要分鸡心，由年纪最长的主人把鸡心夹给客人，再由客人把鸡心平分给在座的老人。客人若不能喝酒，可以事先明言，主人亦不会勉强。

苗族人喜食竹板烤鱼。相传有位苗家老乡劳作休息时，捉了几条鱼打算做午餐，可是在山林里无锅煮鱼。于是他将竹子劈开，将鱼放在劈开的竹板上用火烤制。后来发现，这种做法不仅保留了鱼的鲜美，而且添加了竹子特有的清香，由此发明了竹板烤鱼。苗族人上山劳作时，时常会抓鱼做竹板鱼。

稻香白切鸡是苗菜中的上品，一般用于招待贵客。制作时，需选用嫩公鸡（鸡太老则不能与米同熟），宰杀干净后，整只放入砂锅内，加入干辣椒、大蒜及生姜，等水烧开后，撇去汤上的浮沫，倒入大米，用小火烹煮。至粥稠鸡熟后，把鸡捞出，剁块装碗，另用煳辣椒捣碎后加醋制成汁，洒在其上，即可食用。

🐚 五彩糯食的壮族

壮族一直居住在岭南地区及周边地域，地处亚热带季风湿润气候区，终年湿润多雨，宜生百谷瓜果。

壮族自古以稻作为生，作物栽培非常丰富，食物多样化特点明显，形成了悠久的饮食文化。

广西是野生稻的原产地之一，所以壮族是较早种植水稻的民族。明清之际，主食中又增加了玉米、番薯、麦类等。

壮族的稻米分为粳稻和糯稻，前者多做成饭、粥和米粉，在日常食用；后者则做成五色饭、糍粑、粽子、米糕、汤圆等，供节日食用。

壮族的副食分为肉和蔬菜两大类。古书多载越人食蛇、鼠、虫豸，民国《同正县志》云壮人："肉，则以猪、鸡、鱼、鸭为主，鹅、羊次之。近二十年来乃多兴食牛及犬、猫等肉。若会客，酒席又以海味为上。"

壮人所食蔬菜与汉人相近，明嘉靖《钦州志》记载蔬菜二十五种，民国《邕宁县志》记载蔬菜八十八种，其中有野菜十四种。

宋代文献就有壮人腌制酸菜的记录，《同正县志》还记载了壮人制作酸肉的方法。壮族以稻米、玉米为主食，辅以红薯、木薯、豆类等杂粮。壮族的饮食表现为以下几个特点。

第一，喜腌食和酸辣味。壮族常见的腌制食品有白菜、芥菜、萝卜、豇豆、番木瓜、辣椒、姜、笋等，此外肉类和鱼虾等也被腌制食用。爱吃酸辣是西南少数民族的普遍特征，壮族也不例外，一方面是所居潮湿，酸辣可以驱寒，另一方面则是多食糯米不易消化，酸辣可刺激消化吸收。

第二，爱吃糯米类食物。壮族主要用糯米制成节日食品，如五色饭、粽子、糍粑、汤圆等。此外，还用糯米酿酒，入甜酒就是将酒曲撒在蒸熟的糯米上发酵而成，食时加水煮开。

◎ 壮族"花糯米饭"

第三，喜好生食。壮族生食的历史十分悠久，唐代《朝野金载》记载了壮人生吃用蜜饲养的小老鼠。生血和生鱼片是壮族最有名的食品。壮人很早就认为常吃猪、羊、鸡、鸭等动物的血能增血补气，而生鱼片由于其味美而成为待客的佳肴。

第四，酒是壮族人喜欢的饮品，他们多喝低度的烧酒和甜酒，其饮酒的历史可以上溯到春秋战国以前。

"鼻饮"是壮族先民的一种特殊的饮食方式，即用鼻子吸食食物。《汉书·贾捐之传》中有"骆越之人，父子同川而浴，相习以鼻饮，与禽兽兀异，本不足郡县置也"的记载，说明汉朝时壮族先民已有鼻饮了。

宋代范成大的《桂海虞衡志》中记曰："南人习鼻饮，有陶器如杯碗，旁植一小管若瓶嘴，以鼻就管吸酒浆。署月以饮水，云水自鼻人，咽快不可言。"说的就是以鼻饮为酒。

其实，鼻饮的食物不止于酒，但必须为流质，如"不乃羹"。唐代刘恂《岭表录异》云：

"交趾之人，重不乃羹。羹以羊、鹿、鸡、猪肉和骨同釜煮之，令极肥浓，漉去肉，进之葱姜……置之盘中。

羹中有嘴，银杓，可受一升。即揖让，多自主人先举，即满斟一杓，内嘴入鼻，仰首徐倾之饮尽，传杓，如涌巡行之。"

"不乃羹"是一种大补汤，壮人认为它可助人恢复元气、增补精神。壮族先民采用鼻饮的方式进食，可能是认为有利于人体的吸收和消化，也可能是认为食物难得，用鼻饮的方式更显得珍贵。

白斩鸡是壮族的传统佳肴，多用以节日待客。其做法是将还未下过蛋的雌鸡宰杀，取出内脏，在鸡的腹腔内抹盐，放一团姜，在水中煮至九成熟捞起，切成肉块，蘸以姜、蒜、葱、香菜、生抽、盐、醋等调成的佐料,即可食用。白斩鸡鲜美嫩脆,在很多地方都很流行。

五色饭,又称花色饭、花糯米饭、五彩糯米饭,是最具特色的壮族食品之一,一般只在节日、结婚或小孩满月时才会食用。五色饭的做法是,将红兰草、黄花、紫番藤、枫叶的根茎或花叶捣烂,分别取汁浸泡糯米(留一份米不泡色),然后将浸泡过的糯米蒸成红、黄、黑、紫、白五种颜色的饭,再依不同颜色捏成饭团食用。壮族民间认为其具有防病除邪之功。

第四节 宝岛上的渔猎和珍馐

嗜酒逐鹿的高山族

"高山族"是对我国台湾地区少数民族的总称。高山族包括阿美、泰雅、布农、鲁凯等十多个族群,他们主要居住在台湾岛的山地和东部沿海的纵谷平原以及兰屿上,也有少数散居在大陆福建、浙江等沿海地区。

早期文献称我国台湾原住居民为"番",汉人移居台湾后,原住居民一部分住在平原,与汉族融合,成为"平埔番"(或"熟番"),另一部分仍定居山里,依据汉化程度及居住地点的不同,又被称为"高山番"或"生番"。

17世纪，汉人大批移居台湾以前，高山族还处在原始社会阶段，主食以谷类和根茎类食物为主，如小米、番薯等，以禽、兽、鱼肉及野菜为副食，食皆用手，有生食的习惯。《淡水厅志》卷十五云其："抟饭食之不用箸，鱼蟹蛎蛤生食之。"

汉人大规模移居后，他们开始种植稻、麦、黍、稷、芝麻、豆类等，大米渐渐成为主食，进食时改用筷子，烹调方法也开始多样化，蒸、煮、烤、焙、腌、熏等都已出现。

高山族人普遍喜爱抽烟饮酒，《裨海纪游》中提道："男女藉草剧饮歌舞，昼夜不轰，不尽不止。"

卑南人、阿美人、雅美人、排湾人及平埔人还嗜食槟榔，即"细嚼鸡槟惯代茶"。除雅美人和布农人外，高山族普遍以谷类和薯类为主食，通常是用稻米煮饭，用糯米、玉米面蒸成糕与糍粑，以杂粮、野菜、猎物为副食。雅美人以芋头、小米和鱼为主食，布农人以小米、玉米和薯类为主食。

高山族男女皆嗜酒，一般用酒、米和薯类酿酒。据清代史书记载，高山族人酿酒成熟时，便各自从家中携至村社里，男女群坐地上，用木瓢或椰碗喝酒，边喝边舞，长达三晚，毫无醉意。

高山族的蔬菜主要是南瓜、竹笋、韭菜、姜等，高山族人都爱吃姜，或用蘸盐直接食用，或加盐和辣椒一起腌制。高山族所吃的水果则以香蕉、龙眼、柑橘、桃、枣、柿子、木瓜等为主。

高山族常见的烹饪方法有炊煮、烧烤、蒸馏三种，以煮食为最多，除了主食外，也常煮食鱼肉。节日或祭祀仪式上，他们会用蒸法将糯米、黏小米制成米糕。烘烤也是常见的烹制食物的方法，尤其是在猎杀到鹿时，通常会就地杀掉烧烤。

高山族人还收集鸟蛋烤熟，当作外出时的干粮。吃不完的鱼也要烤熟后贮存。阿美人捕获兽或鱼后，就将其插在竹竿上,或悬挂在竹架上,用柴火烧烤,直到滴出油来,就停火食用。其香味弥漫,肉质脆软,过程也极有情趣。

台湾南部的各族群都爱吃槟榔,长期吃槟榔汁牙齿可能会被染黑,阿美人、卑南人、平埔人索性将满口牙齿全部染黑,形成了"涅齿"的习俗。他们一生一般要进行两次"涅齿",一次是在七八岁的时候,第二次是在十五六岁。后一次是因为乳牙全部换完,需重新"涅齿"。

兰屿是孤悬在太平洋上的大小两座岛屿,原始居民为雅美人。雅美人吃鱼要分男女,女人吃红黑花纹或白色的鱼,他们认为这些都是最好的鱼;男人吃灰绿色鱼,这些是次等鱼,而老人吃黑色的鱼,是最差的鱼。这种对女人的尊重,主要因为他们认为女人要耕种庄稼、养育儿女,最为辛苦,所以要吃最好的。

高山族的烤鹿肉和酸鹿肉非常著名。烤鹿肉是将新鲜鹿肉切成小块,用竹条串好,撒上盐、生姜等调料,然后用木炭烧烤,味道香浓扑鼻。酸鹿肉的做法是将鹿肉块与凉米饭拌在一起,加盐后密封于坛中,一个月左右发酵成熟后,即可食用,口感酸而清爽。

饭团也是高山族人钟爱的食物。其做法是用无毒的树叶包裹糯米或糯粟,捏成饭团,便于外出携带食用。后来,不同地区的族人又逐渐在饭团中加入花生、豆类、芋头、野味等馅料,形成了不同的口味。

◎ 高山族"四神汤"

四神汤源于台湾东部。"四神"实际是闽南语"四臣子"的谐音,指淮山、莲子、茯苓、芡实四种中药材,它们就是四神汤的主要材料。

四神汤的做法是将猪小肠洗净,翻出内壁向外,洗净去除油脂,再用面粉反复搓揉去除黏液。再次冲洗干净后,放入沸水中氽煮去腥,随后捞出冲洗掉杂沫。然后重新烧沸一锅清水,将猪小肠放入沸水中煮十分钟,然后熄火加盖焖十五分钟,取出放凉,剪切成斜段。接着,将淮山、莲子、茯苓和芡实洗净后,放入清水烧沸,再将猪小肠段加入,继续用小火烧煮三十分钟,最后加盐和米酒后即可食用。

第七章

八大菜系

第一节 葱爆糟溜 鲁菜一绝

我国的饮食文化源远流长，由于受经济、政治、文化等因素的影响，以及地域、气候、历史、资源、饮食习惯等方面的差异，逐步形成了具有地方特点和相应烹饪技艺的饮食体系，且在长期的历史进程中为各地所公认，这就是菜系的由来。

我国"南甜北咸"的风味源自春秋，唐宋时期已完全形成，延至清代初期，鲁、苏、粤、川菜形成最为影响力的四大菜系，至清末又加入浙、闽、湘、徽等地方菜，于是有了"八大菜系"之说。

以后菜系虽不断发展，但仍沿用"八大菜系"作为代表。"八大菜系"的烹调技艺别具风韵，其菜肴特色也各有千秋。

鲁菜为八大菜系之首，又称山东菜，是黄河流域烹饪文化的代表。它集山东各地烹调技艺之长，兼收各方风味特点而又发展升华，经过长期演化而成，历史悠久，影响广泛。

齐鲁大地，物产丰富，水陆杂陈，为烹饪文化的发展和山东菜系的形成提供了良好的条件。

早在春秋战国时期，齐桓公的宠臣易牙就曾是"善和五味"的名厨。南北朝时高阳太守贾思勰在其著作《齐名要术》中，对黄河中下游地区的烹饪技术做了较为系统的总结，其中记录的众多名菜的做法，反映了当时鲁菜发展的高超技艺。

鲁菜在宋代已初具规模,被称为"北食"。据《孔府档案》记载,鲁菜在明清两代已经形成菜系。至清末民初,鲁菜在京城已经相当红火了。

鲁菜分为许多支系,其中较大的三个支系,一是胶东菜,也称福山菜;二是济南菜,也称鲁中菜;三是济宁菜,主要指孔府菜。

鲁菜对于华北、东北、京津地区的影响颇深,京菜、东北菜都或多或少地吸取融合了鲁菜的一些特色,所以鲁菜可谓其他菜系之嚆矢。

烤鸭是最具代表性的鲁菜菜品,后来被发扬光大,成为京菜的代表乃至中华美食的招牌菜之一。

鲁菜素以用料广泛、制作精细、善于调味、工于火候而著称,更以香、鲜、脆、嫩、醇、软而为世人所推崇。鲁菜的烹调方法全面,尤以爆、塌、炒、炸、熘、扒等见长。

塌是鲁菜独有的一种烹调方法,做法是将主料用调料腌渍入味,夹入馅心煨口,然后两面拍粉并沾上蛋糊,再用油塌煎至金黄色,放入调料和清汤,最后以慢火收汁。锅塌豆腐、锅塌鱼片等都是鲁菜中以塌法制成的传统名菜。

鲁菜还精于制汤,以汤为百鲜之源,讲究"清汤""奶汤"的调制,清浊分明,取其清鲜。《齐民要术》中就有关于制作清汤的记载,将其作为味精产生之前的提鲜佐料。经过长期实践,现在清汤的制法已演变为用肥鸡、肥鸭、猪肘子为主料,经沸煮、微煮等程序,使汤清澈见底,味道鲜美。与清汤不同,奶汤则呈为乳白色。

在菜肴调味上,鲁菜的一大特点是以葱佐味。其或以葱丝或葱末爆锅,如爆、炒、烧、熘以及烹调汤汁等;或借助葱香提味,如蒸、扒、炸、烤等;还有的直接用葱段作为佐料,如烤鸭、烤乳猪、锅烧肘子、炸脂盖等菜品。

　　无论是菜品的制作，还是上菜的程序，以及饮食现象的丰富性，鲁菜都充分体现着大鱼大肉、大盘大碗的民俗特点，请客宴会也以丰富实惠而著称。

　　鲁菜的代表菜品有葱烧海参、糟溜鱼片、糖醋鲤鱼、德州扒鸡、清汤燕菜等，皆是清香鲜美、酥脆质嫩的菜中名品。

　　鲁菜在明代进入宫廷，其中还有一段历史故事，主人公是山东福山的一位兵部尚书，名叫郭宗皋。

　　因为明代建都在南京，而郭宗皋是北方人，不习南食，所以从老家带了两位厨师作为自己的家厨。隆庆年间，有一年皇帝为爱妃做寿，下诏书召集名厨高手前来制办御宴。

◎ 鲁菜名品"葱烧海参"

　　寿诞之期将至，宫廷中仍然没有选出中意的御厨，为解燃眉之急，郭宗皋便把这两位家厨荐给皇帝。

　　寿宴当日，满席菜品赢得了文武百官的连连称道，皇帝皇妃尤其对"葱烧海参"和"糟溜鱼片"两道赞不绝口，当即命厨师复做一盘，食后仍念念不忘。

　　寿宴之后，皇帝嘉奖了郭宗皋，并重赏了厨师，遂提出让郭家这两位厨子进宫给自己做菜的要求，郭宗皋欣然同意。从此，山东厨师便成了宫廷御厨。

第二节 七滋八味 麻辣川菜

川菜以成都和重庆两地的菜肴为代表,作为我国八大菜系之一,在我国饮食文化中占有重要地位,具有广泛的影响和声望。

川菜取材广泛,调味多变,善用麻辣,以别具一格的烹调方法和浓郁的地方风味而享誉四方。

川菜的菜品博采众家之长,继承并发扬了"尚滋味"的历史传统,以"一菜一格,百菜百味"而著称。

川菜的发源地是古代的巴国和蜀国。据东晋常璩的《华阳国志》记载,巴国"土植五谷,牲具六畜",蜀国则"山林泽鱼,园圃瓜果,四代节熟,靡不有焉"。当时巴国和蜀国的调味品已有卤水、岩盐、川椒、"阳朴之姜"等。

川菜的形成大致在秦朝到三国之间。无论烹饪原料的取材,还是调味品的使用,以及刀工、火候的要求以及烹饪技法,在那时均已初具规模,并有了菜系的雏形。隋唐五代时,川菜有了较大的发展。两宋时期,川菜已跨越巴蜀旧疆。到了晚清,川菜逐步形成了清鲜醇浓并重,而又善用麻辣调味的独特菜系风格。

在烹制方法上,川菜擅长炒、滑、熘、爆、煸、炸、煮、煨等,特别是小煎、小炒、干煸和干烧,都有其独到之处。从高级筵席的"三蒸九扣"到民间小吃、家常风味等,做工精细,菜品繁多。

川菜的"炒"法与其他菜系不同,很多菜式都采用"小炒"的方法,特点是时间短、火候急、汁水少、口味鲜嫩。

在调味上,川菜的滋味有浓厚的乡土气息,以麻、辣、怪三味著称,素有"七滋八味"之说,即酸、甜、麻、辣、苦、香、咸七种基本味型,和以此为基础而调配变化出的干烧、麻辣、酸辣、鱼香、干煸、怪味、椒麻、红油等八种复合味型。

川菜所用的调味品复杂多样,其中的特色名品有"三椒"的花椒、胡椒、辣椒,"三香"的葱、姜、蒜,还有醋和郫县豆瓣酱等。其中,对郫县豆瓣酱的使用最为频繁,尤其是烹饪代表川菜特色的"鱼香""怪味"等菜品时更是不离此物。

川菜的烹饪讲究用味的主次、浓淡、多寡的调配变化,同时配合选料和技法的得当,即可做出色、香、味、形皆为上乘的川菜佳肴。

川菜的代表名品有宫保鸡丁、鱼香肉丝、干烧鱼、回锅肉、东坡肘子、麻婆豆腐、夫妻肺片、樟茶鸭子、干煸牛肉丝、怪味鸡块、灯影牛肉、糖醋排骨、水煮牛肉、锅巴肉片、咸烧白、鸡米芽菜、糖醋里脊、辣子鸡、香辣虾、麻辣兔头等。

根据地域的不同,川菜又有上河帮、下河帮和小河帮三个派系之分。

上河帮也称蓉派,以成都菜和乐山菜为主,其特点是讲求用料精准,严格遵循传统经典菜谱,通常由典故而来。川菜名品有麻婆豆腐、回锅肉、宫保鸡丁、盐烧白、粉蒸肉、夫妻肺片、蚂蚁上树、灯影牛肉、蒜泥白肉、樟茶鸭子、白油豆腐、鱼香肉丝、泉水豆花、盐煎肉、干煸鳝片、东坡墨鱼、清蒸江团等。

下河帮又称渝派,以重庆菜和达州菜为主,俗称江湖菜。

其特点是大方粗犷、花样新颖,不拘泥于材料,菜肴大多起源于路边小店,并逐渐在市民中流传。

下河帮的代表名品有酸菜鱼、毛血旺、口水鸡,以及水煮肉片和水煮鱼为代表的水煮系列,辣子鸡、辣子田螺和辣子肥肠为代表的辣子系列,泉水鸡、烧鸡公、芋儿鸡和啤酒鸭为代表的干烧系列,泡椒鸡杂、泡椒鱿鱼和泡椒兔为代表的泡椒系列,干锅排骨和香辣虾为代表的干锅系列和干菜炖烧系列等。

小河帮又称盐帮菜,主要是自贡和内江西两地的菜品,分为盐商菜、盐工菜、会馆菜三大支系,取麻辣味、辛辣味、甜酸味为三大味型。其特点是麻辣厚味、料精油重、擅用椒姜、秘制传奇。盐帮菜的代表菜品有火边子牛肉、水煮牛肉、干煸鳝鱼、仔姜田鸡、跳水兔、冷吃兔等。

关于作为川菜代表之鱼香味的由来,还流传着一个民间故事。

很久以前,四川有一户生意人家,全家人都喜欢吃鱼,对调味也很讲究,在烧鱼的时候为了去掉腥味,每每都要放入葱、姜、蒜、酒、醋、酱油等调料增味。

有一天妻子在炒另一个菜的时候,为了节省调料,便把上次烧鱼时用剩的配料放入菜中炒和。此时恰好她丈夫做完生意回到家中,饥肠辘辘之际便将这道菜吃完了,吃后赞不绝口,妻子便将烹制的经过说与丈夫知晓。这道菜是用烧鱼的配料来炒和其他菜肴,所以取名为鱼香炒。

◎ 川菜名品“鱼香肉丝”

后来经过若干年的改进，这道菜被列入了川菜谱系，并有鱼香肉丝、鱼香猪肝、鱼香茄子等系列名品。

川菜中还有一道"麻婆豆腐"，以豆腐为主料制作而成，其名字的来历也很有意思。

据说在清朝同治年间，成都郊区有个叫作万福桥的贸易集市，十分热闹。有个叫陈盛德的人，与妻子在这里以卖便饭和茶水为生，因为他的妻子脸上有星点麻子，人们便称其为"麻婆"。麻婆烹饪手艺高超，做的豆腐更是远近闻名。

后来，她在集市附近专门开了家豆腐店，有不少挑油工路经此地都在她店里就餐。时间久了，陈麻婆就用挑油工油篓中的剩油炒制牛肉末，与豆腐一起入锅，并加入豆豉茸、豆瓣酱、干辣椒面和花椒面调味，做成一道味道鲜香麻辣的豆腐菜肴，广受欢迎，遂被称为"麻婆豆腐"。

到了光绪年间，《成都通览》将陈麻婆的豆腐店定为名店，并将麻婆豆腐定为名菜。

第三节 水陆杂陈 粤菜品鲜

粤菜是广东地方的风味菜，主要由广州菜、潮州菜和东江菜三种地方菜组成，以广州风味为代表。

粤菜发源于岭南，形成于秦汉时期。南宋以后，粤菜的技艺和特点日趋成熟。明清时期，随着广州商业大都市的发展，粤菜真正成为体系。

粤菜以本地的饮食文化为基础,吸收了京、鲁、苏、川等菜系的精华,借鉴了西餐的烹饪技术。如粤菜中的泡、扒等烹饪技法就是从北方的爆、扒中移植并加以发展而成的,而煎、炸等法又是从西餐中借鉴而来,从而逐渐形成了独特的南国风味。

粤菜取料极为广博庞杂,各地菜系所用的禽畜水产等食材无不涉及,而又尤以烹制蛇、狸、猴、鼠、猫、狗、穿山甲等野味而闻名。对此,宋人周去非的《领外代答》有记载曰:

"深广及溪峒人,不问鸟兽蛇虫,无不食之。其间野味,有好有丑。山有鳖名蛰,竹有鼠名鼬。鸧鹳之足,猎而煮之;鲟鱼之唇,活而脔之,谓之鱼魂,此其珍也。

"至与遇蛇必捕,不问长短,遇鼠必捉,不问大小。蝙蝠之可恶,蛤蚧之可畏,螳虫之微生,悉取而燎食之;蜂房之毒,麻虫之秽,悉炒而食之;螳虫之卵,天虾之翼,悉炒而食之。"

粤菜的烹调方法众多,讲究鲜嫩爽滑,其中以炒、煎、焗、焖、炸、煲、炖、扣等见长,尤擅小炒。

拉油炒是粤菜烹制中最为常用的小炒技法。其特点是使肉类在较短时间里加热至熟,操作时需要根据肉质的不同特点和受热程度等差异,相应提高或降低油温以进行拉油,从而极大限度地维持肉品的鲜嫩色泽和真醇滑腻的质感。

粤菜烹饪多保留食物的原汁原味,夏秋清淡,冬春浓郁。在调味上有所谓香、松、软、肥、浓的"五滋"和酸、甜、苦、咸、辣、鲜的"六味"之说。

粤菜名品有龙虎斗、红烧果子狸、东江盐焗鸡、白云猪手、烤乳猪、鼎湖上素、火焰醉虾、脆皮乳鸽、狗肉煲、白斩鸡、冬瓜盅、护国菜等。此外,粤菜中的点心和粥品也颇为丰富。

广州菜是粤菜的代表,包括了珠江三角洲、肇庆、韶关和湛江等地的风味名食。其特点是用量精细、配料多巧、装饰美艳、注重质味,代表菜品有龙虎斗、白灼虾、烤乳猪、香芋扣肉、黄埔炒蛋等。

潮州菜由于地理位置接近闽、粤,菜品也融汇了两省特点,以烹调海鲜见长,讲究刀工,滋味偏于香浓甜鲜,喜用鱼露、沙茶酱、梅羔酱、姜酒等调味品。其中,代表菜品有烧雁鹅、豆酱鸡、护国菜、什锦乌石参、葱姜炒蟹、干炸虾枣等。

东江菜又称客家菜,因客家人原是汉末和北宋后期南迁东江的中原人,因此客家食俗中尚保有部分中原风貌。东江菜的食材多用肉类而较少水产,调味重油偏咸,主料突出,以砂锅菜见长,代表菜品有东江盐焗鸡、东江酿豆腐、爽口牛丸等,有独特的乡土风味。

"龙虎斗"是粤菜名品的代表,相传始于清朝同治年间。

据说,当时有个名叫江孔殷的广东绍关人,曾在京为官,告老回乡后经常研究烹饪并创制名菜。

一年,恰逢他七十大寿,为了给亲友尝鲜,他便试着用蛇肉和猫肉烹制菜肴。因为民间以蛇为龙、猫为虎,二者相遇必斗,故命此菜名为"龙虎斗"。亲友们品尝后都觉得不错,唯鲜味不足,建议加入鸡肉共煮。

江孔殷根据大家建议,又在此菜中加入鸡肉以提鲜,果然滋味更佳,于是此菜便一举成名。

后来,这道菜也曾改称"豹狸烩三蛇""龙虎凤大烩""菊花龙虎凤"等,但人们仍习惯地称之为"龙虎斗"。

粤菜的粥品也十分丰富,其中有一道名小吃叫"及第粥",又称"三元及第粥",是广州粥品的代表。

及第粥的故事也发生于清朝,相传广东的林召棠中状元后回乡拜祖，每日都用猪肝、猪腰子和猪肚子煮粥而食。

一日，一位退居广州的御史来探访林召棠，正巧碰上他吃粥，林便招呼同吃。

◎ 粤菜名品"状元及第粥"

老御史见粥白如凝脂，鲜香无比，便问是何粥。林状元知道老御史企盼儿子也能科场高中的心思，便回答是及第粥。老御史闻之欢喜，便与同食。

在清代科举取士中，状元、榜眼、探花为殿试头三名，合称三及第，林召棠便以粥中所用之猪肝、猪腰、猪肚三种内脏比作三及第。

吃过及第粥后，老御史回到家中也如法炮制，他的儿子吃后果真高中状元。从此，及第粥便流传开来。

至今，为讨吉利的彩头，学子考前吃及第粥的风俗在广州地区依然十分盛行。

第四节 无汤不欢 闽菜滋味

闽菜又称福建菜，涵盖了福建泉州、厦门、漳州和莆田地区的菜肴，也与我国台湾、港澳地区以及东南亚的菜肴有着重要的关系。

闽菜最早起源于福建闽侯县，历史上中原汉民曾在西晋末年的"永嘉之乱"后进入闽地，这促进了中原文化和古越文化的交流融合。

晚唐五代，河南王审知兄弟入闽建立"闽国"，推动了闽地饮食文化的开发。宋元时期，福建作为海上之路的起点，对外交流的扩大使得闽菜得到进一步的发展。

明朝时郑和七下西洋，更为闽菜引入了沙茶、芥末和咖喱等新鲜的元素。到了康乾盛世，由于江南经济文化的迅猛发展，闽菜的发展也达至全新的高度，形成了较为完善的闽菜体系。

闽菜文化充分融合了中原饮食文化的渊源，这从菜品的烹制中就能窥见一二。

根据唐代徐坚《初学记》的记载"瓜州红曲，参糅相半，软滑膏润，入口流散"可知，红曲这种闽菜常用的调味原料，便是唐代从中原传入闽地的。此后，红曲广为闽菜所使用，红色也因此成为闽菜烹饪美学中的主要色调，"红曲烹调"更是成为闽菜的一大特色，其中有红糟鱼、红糟鸡、红糟肉等名品。

闽地位处亚热带，背山临海，雨量充沛，四季如春，优越的地理气候条件孕育了丰富多样的食材原料。

在闽菜中，不仅鱼、虾、蚌、螺、蚝等海鲜佳品不绝，而且稻米、瓜果、蔬菜也种类繁多，其中瓜果更有龙眼、荔枝、柑橘、香蕉、菠萝、橄榄等北方稀物。

同时，闽地盛产的山珍野味也闻名于世，香菇、竹笋、银耳、茶叶等皆是闽菜中的配料佳品。

闽菜多以刀工巧妙、烹制精细、火候讲究、尚味重汤而著称。对于闽菜的刀工，当地素有"刮花如荔，切丝如发，片薄如纸"的美誉,精细的刀工使得菜品不仅造型美观,而且滋味深厚。

闽菜的烹调技法多样,有炸、炒、煮、炖、煎、焖、卤、淋、蒸等,口味多偏于酸甜,作料变化奇特,皆对火候有不同要求。

重汤是闽菜的精髓所在,多汤的传统在闽地由来已久,更有"无汤不行"之说,这与闽地丰富的海产资源有关。同时,因为汤菜是所有烹制手法中,最可保留食材本色的做法,重汤的传统也体现了闽菜讲求质鲜、味纯、滋补的特色。

闽菜是由福州、闽南和闽西三路不同流派的地方风味组合而成的。

福州菜是闽菜的主流,除福州一地外,也在闽东、闽中、闽北等地盛行,其特点是清淡鲜嫩、偏于酸甜,擅用红糟为作料,尤其讲究调汤,有茸汤广肚、肉米鱼唇、鸡丝燕窝等名品。

闽南菜留传于厦门和晋江、尤溪地区,并东及我国台湾,其口味除了鲜嫩、清淡外,还因讲究作料、善用香辣而著称,并常使用沙茶、芥末、橘汁以及中药等调料。代表菜品有清蒸加力鱼、炒沙茶牛肉、葱烧蹄筋、当归牛腩等。

闽西菜盛于客家地区,以烹制山珍野味见长,善用生姜等香辣佐料,相比其他两派较为重油重盐,有爆炒地猴、烧鱼白、油焖石鳞、麒麟象肚等代表菜品。

"佛跳墙"是居于闽菜之首的传统名菜,原名"福寿

◎ 闽菜名品"佛跳墙"

全"，早在宋人陈靓的《事林广记》中便有对它的记载。

据传，此菜起源于清朝末年福州官银局请布政使的筵宴，席间有一道菜，是将鸡、鸭、羊肘、火腿等原料加工后，一同放入酒坛中煨制而成，味美异常。

布政使食后难忘，便带家厨郑春发前去求教。这位家厨悉心研究尝试，将此菜与海参、鱿鱼等十八种水陆珍品原料搭配，并辅以陈酒、桂皮、茴香等作料，放入陶罐中煨制，最终做出了味美绝伦的佳肴。

后来，郑春发开了一家聚春园菜馆，人们纷纷慕名前来品尝此菜，有秀才即席吟诗曰："坛启荤香飘四邻，佛门弃禅跳墙来。"众人应声叫绝，从此"佛跳墙"便成了此菜的正名，距今已有一百多年历史。

闽菜中还有一道海珍名菜"西施舌"。"西施舌"又名"沙蛤"，它生长于浅海的泥沙中，是一种非蚬非蚌的贝壳类食物，呈厚实的三角扇形，打开外壳就有一小截白肉吐出来，犹如一条小舌头，故取"西施舌"之名，其肉质软嫩，氽、炒、拌、炖皆可。

"西施舌"名称的由来，传说是在春秋战国时期，西施助越王勾践灭吴后，越国王后怕西施回国后自己失宠，便派人将西施骗出，将她绑上石头，沉入海底。

西施死后，化为这种类似人舌的海蚌，在沿海的泥沙中，期待有人听她尽诉冤情。

这虽然只是一个传说，但是"西施舌"鲜美的味道确实令人难忘。20世纪30年代郁达夫在福建时，便称赞长乐"西施舌"是闽菜中的一道"神品"。

第五节 浓油赤酱 苏菜之巅

苏菜,由淮扬菜为主体,由淮扬、苏锡、金陵、徐州几大地方风味菜肴组成。

江苏自古就是"鱼米之乡"。它东临黄海、东海,北有洪泽湖,南临太湖,长江横穿中部,运河纵贯南北,气候温和,自然条件优越,稻谷豆食、水产海鲜、时令蔬果等烹饪原料十分丰富。

江苏饮食文化历史悠久,早在秦汉以前,长江下游地区的主要饮食就是"饭稻羹鱼"。《楚辞·天问》中所载的雉羹,是见于典籍最早的江苏菜肴。

隋唐两宋以来,金陵、姑苏、扬州等地经济的繁荣促进了苏菜系烹饪技艺的发展。到南宋时,苏菜和浙菜已同为"南食"的两大台柱。

到了明清时期,江苏内河交通的发达带动了船宴的盛行,清代苏菜的风味特色已经形成,影响也越来越大。据清人徐珂所辑《清稗类钞》记载:"肴馔之各有特色者,如京师、山东、四川、广东、福建、江宁、苏州、镇江、扬州、淮安。"在当时全国的十个烹饪名城之中,江苏便占据了一半之多。

苏菜的烹饪食材取料广泛,多以水鲜为主,刀工技法精细,重视火候掌控,烹调手段多样,尤擅焖、炖、蒸、炒、煨、焐等方法。菜肴擅用蕈、糟、醇酒、红曲、虾籽等调和五味,平和清鲜,浓而不腻,淡而不薄。

苏菜的代表名品有清炖蟹粉狮子头、扒烧整猪头、拆烩鲢鱼头合称的"镇扬三头",叫花鸡、西瓜童鸡、早红橘酪鸡合称的"苏州三鸡"和叉烤鸭、叉烤鳜鱼、叉烤乳猪合称的"金陵三叉"。

此外,不同的菜式还可以根据统一的特色搭配组合,而形成筵宴。如苏菜中著名的"三筵",其一为船宴,盛行于太湖、瘦西湖、秦淮河;其二为斋席,见于镇江金山、焦山斋堂、苏州灵岩斋堂、扬州大明寺斋堂等;其三为全席,如全鱼席、全鸭席、鳝鱼席、全蟹席等。

苏菜按照自身风味体系又可分为淮扬风味、金陵风味、苏锡风味和徐海风味四大流派。

淮扬风味以扬州、淮安为中心,肴馔多用焖炖之法,擅制江鲜和瓜果雕刻,口味咸甜清淡。扬州在历史上曾是我国南北交通枢纽和东南经济文化的中心,明代万历年间的《扬州府志》记有:"扬州饮食华侈,制度精巧,市肆百品,夸视江表。"清代康熙年间的《扬州府志》中则云:"涉江以北,宴会珍错之盛,扬州为最。民间或延贵客,陈设方丈,伎乐杂陈,珍错百味,一筵费数金。"犹可知扬州饮食文化的发达程度。淮扬菜的代表菜品有镇扬三头、镇江三鲜、淮安长鱼席等。

金陵风味以南京为中心,菜肴口味醇正平和,尤擅烹制鸭馔。清人陈作霖馔著的《金陵琐志》云:

"鸭非金陵所产也,率于邵伯、高邮间取之。么兔稚鹜千百成群,渡江而南,阑池塘以畜之。

"约以十旬肥美可食。杀而去其毛,生鬻诸市,谓之'水晶鸭';举叉火炙,皮红不焦,谓之"烧鸭";涂酱于肤,煮而味透,谓之'酱鸭';而皆不及'盐水鸭'之为无上品也,淡而旨,肥而不浓;至冬则盐渍,日久呼为'板鸭',远方人喜购之,以为馈献。"

清代《调鼎集》一书中,"鸭"一节共录有八十多种菜肴,其中煨鸭块、套鸭、煨三鸭、八宝鸭、鸭羹、红炖鸭、熏鸭、酱烧鸭、糟板鸭、挂卤鸭等几十种,均为南京风味。南京制鸭的名品有桂花盐水鸭、金陵叉烤鸭、美人肝(鸭肝)等。

苏锡风味以苏州、无锡为中心。苏锡菜原先注重浓油赤酱、甜出咸收,后来口味也趋向鲜咸清淡。苏锡菜的代表名品有松鼠鳜鱼、莼菜汆塘鱼片、清烩鲈鱼片等。晋人张翰的"莼鲈之思",说的就是这里的莼羹、鲈鱼和菰菜。

徐海风味是指徐州至连云港一带的地方风味菜肴,因连云港古名"海州",这一风味被称为"徐海"。徐海菜以鲜咸为主,五味兼蓄,风格淳朴,别具一格。霸王别姬、沛公狗肉、彭城鱼丸、羊肉藏鱼、红烧沙光鱼等名菜为其代表。

传说春秋时期的名厨易牙曾在徐州落脚,并有诗曰:"雍巫(指易牙)善味祖彭铿(指彭祖),三坊求师古彭城。九会诸侯任司庖,八盘五簋宴王公。"

后来明代的韩奕托易牙之名,将造、脯、蔬菜、笼造、炉造、糕饼、斋食、诸汤和诸药八类内容编成一本食经,称为《易牙遗意》,使这一时期的食疗菜肴在徐州颇为盛行。

◎ 苏菜名品"松鼠鳜鱼"

苏菜中有一道名品叫"松鼠鳜鱼",是将鳜鱼烹制成松鼠的形状,并在上桌时浇上滚热的卤汁,此菜随即发出如松鼠般"吱吱"的叫声,色香皆备,味形俱佳。

这道菜的来历有一个传说,相传一次乾隆皇帝下扬州,在一家名叫"松鹤楼"的饭庄,提出要食用神台上鲜活的鲤鱼。因神台摆放之物为敬神所用不可食之,而皇命又不可违背,厨师只得再想办法,他看鲤鱼的头酷似松鼠,联想到自家名号中的"松"字。于是,厨师便将鲤鱼烹制成松鼠形状,以避杀鱼之罪,同时将菜肴调制得酸甜可口、外酥里嫩,菜品呈上后深得乾隆喜爱,从此"松鼠鱼"便流传开来。

第六节 甜鲜脆软 俏味浙菜

　　浙菜富有小巧玲珑的江南特色,尤其关注食材的主料本味,菜品则鲜美滑嫩、脆软清爽、精细讲究。

　　浙江饮食的起源可以追溯到几千年前,《黄帝内经·素问·导法方宜论》曰:"东方之城,天地所始生也,渔盐之地,海滨傍水,其民食盐嗜咸,皆安其处,美其食。"

　　从河姆渡出土的文物来看,中国不仅是世界水稻的发源地,而且新石器时期已经有了蔬果和水产等食材的培育和养殖。

　　春秋战国时期,我国的饮食体系已经有了"南食"与"北食"之别,浙江是"南食"的重要地域。司马迁的《史记·货殖列传》中记载:"楚越之地,地广人稀,饭稻羹鱼。"南宋建都杭州后,杭州成为当时全国的饮食文化中心,浙菜也成为"南食"的代表。这一时期,不仅烹饪原料大大丰富,而且南北饮食广泛交融,饭店食肆林立,可谓是浙江菜的繁荣时期。

明清之际,随着江南经济的发展,浙菜也发展到高峰,并出现了浙江文人研究美食的现象。如李渔的《闲情偶寄》、朱彝尊的《食宪鸿秘》、顾仲的《养小录》和袁枚的《随园食单》等。

浙菜主要由杭州、宁波、绍兴、温州四个地方的风味组成。其中杭州菜是浙菜的代表,以爆、炒、炸、烩等烹饪技法见长,口感清鲜爽脆。代表菜品有龙井虾仁、西湖醋鱼、宋嫂鱼羹、生爆鳝片、八宝豆腐、荷叶粉蒸肉、东坡肉等。

宁波地处沿海,擅长蒸制、红烧、炖制海鲜,口味咸鲜合一,有雪菜大汤黄鱼、冰糖甲鱼、锅烧鳗、宁波烧鹅等名品。

绍兴菜极具水乡风味,多以鱼虾河鲜、家禽豆类等为食材,并常用绍兴酒烹制,菜品汁浓味重、绵软酥香,以糟熘虾仁、清汤越鸡、绍式虾球、干菜焖肉、清蒸鳜鱼、鉴湖鱼味等为代表。

温州地处浙南沿海,食俗自成一体,也擅制海鲜,烹调讲究"二轻一重",即轻油、轻芡、重刀工。菜中名品有三丝敲鱼、爆墨鱼花、蒜子鱼皮、马铃黄鱼等。

浙菜口味偏甜,其形成与发展与其他菜系有所不同。北方人南下浙江开食店后,便把北方的烹调方法带到这里,同时又取材当地,因此形成了"南料北烹"的特色。如汴京名菜"糖醋黄河鲤鱼"到临安后,便烹成了浙江名菜"西湖醋鱼"。除此之外,浙菜还具有食材鲜活、选料精细、烹制独到、崇尚本味等特色。

西湖醋鱼是浙菜的传统名品,其做法是把鲜活的草鱼对开两片,用水氽煮后捞出,然后将煮鱼的水加上酱油、醋、白糖、绍酒和淀粉,搅拌成汤汁浇在鱼身上。

这道菜的来历，相传出自"叔嫂传珍"的故事。

南宋时西子湖畔住着宋氏兄弟，他们以捕鱼为生。当地有一恶棍见宋嫂姿色动人，便杀害了大哥，又欲加害小叔。宋嫂劝小叔外逃，临行时做了一道糖醋烧鱼，取意"甜美毋忘百姓辛酸之处"，以告小叔。

◎ 浙菜名品"西湖醋鱼"

后来小叔得了功名，回到家乡除暴安良，唯不见宋嫂下落。在一次偶然的宴会上，小叔又尝到这一酸甜可口的烧鱼，断定出自嫂嫂之手，于是找到了隐名市井的嫂嫂。后来小叔辞官回家，重操打鱼旧业。后人开始照宋嫂的做法烹制醋鱼，"西湖醋鱼"就流传开来。

浙菜中的"宋嫂鱼羹"也是南宋的一道名品。周密的《武林旧事·西湖游幸》中有相关记载。

宋高宗赵构闲游西湖，命内侍买湖中龟鱼放生，此间有一位卖鱼羹的妇人叫宋五嫂，自称是东京人，在西湖边以卖鱼羹为生。高宗吃了她做的鱼羹，大加赞赏，并念其年老，遂赐予金银绢匹。

从此，宋五嫂的鱼羹声誉鹊起，"人所共趋"，成为当时的名肴。

后来，经历代厨师不断的研制提高，宋嫂鱼羹滋味更胜，又有"赛蟹羹"之美称，成为闻名遐迩的杭州传统风味名菜。

第七节 辣中寓酸 馋嘴湘菜

湘菜,以湖南菜为代表,是由湘江流域、洞庭湖区和湘西山区三种地方风味发展而成的地方菜系。

湖南地处长江中游,三面临山,北有洞庭湖,气候温润,土地肥沃,水源密布。司马迁《史记》中描述它"**地势饶食,无饥馑之患**"。这里农牧副渔都很发达,物产十分丰饶,是名副其实的"鱼米之乡"。

当地著名的食材特产有武陵甲鱼、祁阳笔鱼、洞庭金龟、君山银针、桃源鸡、临武鸭、武冈鹅、湘莲以及湘西山区的笋、蕈和山珍野味等。

湘菜的历史可以追溯到春秋战国时期,屈原的《楚辞·招魂》,对当时楚地的饮食结构及菜肴品种有所记载:"**食多方些,稻粢穱麦,挐黄粱些。大苦咸酸,辛干行些。肥牛之腱,臑若芳些。和酸若苦,陈吴羹些。胹鳖炮羔,有柘浆些。鹄酸膹凫,煎鸿鸧些。露鸡臛蠵,厉而不爽些。**"

据史料记载,当时的谷物除稻米外,还有粱、豆、麦、黍、稷、粟等多种。

西汉时期,湘菜的烹饪已经达到一定水平,根据对马王堆汉墓出土的烹食残留物以及一套竹简菜谱考证,当时楚人已经可以利用数十种动植物烹制菜肴,烹调方法已发展为羹、炙、煎、熬、蒸、濯、脍、脯、腊、炮、醢、菹等十多种，烹饪调料也有盐、酱、豉、曲、糖、蜜、韭、梅、桂皮、花椒、茱萸等。

南宋以后，湘菜开始自成体系。明朝时期，湖南喜食辣味的人逐渐增多，辣味因此成为湘菜的特色符号。到了清代中晚期，曾国藩、左宗棠所率湘军驰骋天下，湘菜的独特风味也随之引入东西南北，从而奠定了湘菜的历史地位。

湘菜有用料广泛、重油色浓、擅长调味的特点，其中辣味是湘菜的主要特色。《清稗类钞》中曾记载："湘鄂人之饮食喜辛辣品，虽食前方丈，珍错满前，无椒芥不下箸也，汤则多有之。"

湖南自古称"卑湿之地"，地理环境多雨潮湿，而辣椒有助于御寒祛湿、振奋食欲，因此形成了湘人嗜辣的风俗。

相比四川、贵州、云南等其他西南地区，湘菜之辣有所不同，其最大的特点是以辣为主、辣中寓酸，即成独特的"酸辣"口味。而此中之"酸"又非醋，而是取自酸泡菜之酸，口感更为柔和醇厚。

与湖南的"酸辣"口味相区别，有食家将四川之辣总结为"麻辣"，贵州之辣为"香辣"，云南之辣为"鲜辣"等。

在湘菜的三个地方风味中，以长沙、衡阳、湘潭为中心的湘江流域的菜品，是湘菜的主要代表。其菜品口感注重酸辣、香鲜、软嫩，在制法上以煨、炖、腊、蒸、炒见长，代表菜品有组庵鱼翅、海参盆蒸、腊味合蒸等。

煨法是现代湘菜烹饪的重要方法，依色泽变化可分为红煨、白煨，依汤汁不同又有浓汤煨、清汤煨、奶汤煨等，均讲究微火慢制、原汁原味。

洞庭湖区的食材以河鲜、禽畜为主，常用炖、烧、蒸、腊等烹制方法。菜肴芡大油厚，咸辣香软，有洞庭金龟、网油叉烧洞庭鳜鱼、冰糖湘莲等名品。

炖菜的一大特色是火锅直接上桌，边吃边下料煮制，热汤翻滚，香飘四溢。民间更有将蒸钵置于泥炉上炖煮的方法，俗称"蒸钵炉子"，风味别具，当地民间有歌谣称赞它为："不愿进朝当驸马，只要蒸钵炉子咕咕嘎。"

◎ 湘菜名品"东安子鸡"

湘西山区聚居了许多少数民族，他们擅制山珍野味、烟熏腊肉等，口味偏重咸香酸辣，常以柴炭作为燃料，有着浓厚的山乡风味。其代表菜肴有红烧寒菌、板栗烧菜心、湘西酸肉、炒血鸭等。

湘菜中有八大名菜之称，"东安子鸡"就是其中一道代表菜肴，因产于湖南东安县而得名。

传说在唐玄宗开元年间，东安县的三位老妇人开了一家小饭馆。

一晚，来了几位经商客官，当时店里菜已卖完，于是老板现捉了两只活鸡，宰杀洗净，切成小块，加上葱、姜、辣椒等佐料，经旺火热油略炒，又加入盐、酒、醋焖烧，最后浇上麻油出锅。

此菜上桌后香味浓郁、汁芡红亮、口感鲜嫩、酸辣兼备，客人吃后十分满意，食后到处夸赞，使得这个小店声名远播，各路食客都慕名而来。

东安县令风闻此事后也亲临品尝，觉得名不虚传，赞赏之余为之取名为"东安子鸡"，从此它就成为湘菜的一道传统佳肴。

第八节 滋味醇厚 徽菜余味

徽菜,指徽州菜,是以皖南、沿江和沿淮三个地区的菜肴为代表的地方菜系。徽菜的形成与江南古徽州独特的地理环境、风土人文、饮食习俗有着密切关系。

徽菜起源于黄山麓下的歙县,即古徽州,后来由于新安江畔屯溪小镇的商业、饮食业的兴起发达,徽菜也随之转移到了屯溪,并得到进一步发展。

徽菜主要盛行于徽州地区和浙江西部,它经历了秦汉南北朝的积累期和隋唐宋元的成长期,到明清已然成熟定型,特别是到了清末民初,徽菜风靡我国大江南北。

徽菜的食材种类多样,皖南和大别山两大山区盛产香菇、木耳、竹笋、茶叶,还有石鸡、野兔、穿山甲、果子狸等山珍野味;长江、淮河、巢湖三大水源提供了丰富的鱼、虾、蟹、鳖、莲、藕等水产资源;淮北平原、江淮地区的肥沃土壤也培育出各类粮油果品,这些都成为徽菜丰富的物质基础。

徽菜的烹饪擅长烧、焖、炖、熏、蒸之法,而较少采用爆、炒,讲究保持食材的原汁本味,具有重色、重油、重火工的特点。菜肴古朴典雅,滋味醇厚。

此外,用火腿佐味也是徽菜的一大传统,并多辅以冰糖提鲜,在当地就有"金华火腿在东阳,东阳火腿在徽州"的说法。

徽菜的名品有火腿炖甲鱼、红烧果子狸、符离集烧鸡、腌鲜鳜鱼、火腿炖鞭笋、雪冬烧山鸡、黄山炖鸽、毛峰熏鲥鱼等。

徽菜尤以烹制山珍野味而著称。据《徽州府志》记载,早在南宋时,皖南山区就因"*沙地马蹄鳖,雪天牛尾狸*"的特产而闻名天下。

徽菜中的皖南菜包括了黄山、歙县(古徽州)、屯溪等地的菜肴,讲究火工,善烹野味,有名品臭鳜鱼等。

沿江菜以芜湖、安庆地区为代表,擅长烹调河鲜、家禽,口味咸中带辣,烟熏技术别具一格。

沿淮菜主要由蚌埠、宿县、阜阳等地方风味构成,汤浓色重,多用芫荽、辣椒、生姜、大料等调味,极少用糖,以咸、鲜、辣为主要味型。

在长期的发展过程中,徽菜的筵宴形成了独特的菜品模式,包括宴席大菜、和菜、五簋八碟十大碗、大众便菜和家常风味菜等。

其中宴席大菜是款待宾客较为正式的系列菜式,一般由一定数量的冷菜、热菜、大菜(含汤菜)、精致面点和水果组成,工艺复杂,用餐讲究,属于较高档次的宴席。

此外,和菜是一种限定数量的组合菜式,多为三五好友聚餐采用,灵活方便,经济实惠。五簋八碟十大碗是用于当地民间的红白喜事和重大节日的传统菜式。大众便菜分为点菜、客菜、大锅菜三类,以盒饭、快餐为代表,简单快捷。家常风味菜则是民间日常生活中的自制菜肴,带有浓郁的地方特色和乡土风味。

在徽菜众多的佳肴中,绩溪岭北的"一品锅"是颇具传奇色彩的一道名品。

相传,一次乾隆皇帝出巡江南,由九华山来绩溪上庄寻找曾祖母,行至一山坞时天色渐暗,便找了个农舍歇脚。

当时中秋刚过,农舍主人家中有些剩余菜肴,这家农妇便将萝卜、干角豆、红烧肉、油豆腐包等先荤后素逐层铺在锅里,一同煮熟后端上桌来。

乾隆吃得津津有味,便问是何菜,农妇随答为"一锅熟"。乾隆曰:"'一锅熟'名称不雅,此乃徽州名肴'一品锅'也。"从此,"一品锅"便名扬天下了。

安徽合肥还有一道名菜,叫"曹操鸡",其来历据说与三国时期的曹操有关。

建安十三年,曹操统一北方后南下伐吴其名曰"曹操鸡"。

行至庐州时,因日夜行进操练,过于劳累,头疾复发卧床不起。随军厨师便用当地仔鸡配以中药烹制出一道药膳,曹操连食数日,身体逐渐康复。

◎ 徽菜名品"一品锅"

此后,曹操便常让厨师烹制此鸡食用,人们遂美其名曰"曹操鸡"。

参考书目

1. 林乃燊著:《中国古代饮食文化》,商务印书馆,1997 年。

2. 陈诏著:《中国食馔文化》,上海古籍出版社,2001 年。

3. 王明德、王子辉著:《中国古代饮食》,陕西人民出版社,2002 年。

4. 王仁湘著:《民以食为先——中国饮食文化》,济南出版社,2004 年。

5. 由国庆编著:《追忆甜蜜时光:中国糕点话旧》,百花文艺出版社,2005 年。

6. 赵荣光著:《中国饮食文化史》,上海人民出版社,2006 年。

7. 王学泰著:《中国饮食文化史》,广西师范大学出版社,2006 年。

8. 王仁湘著:《往古的滋味:中国饮食的历史与文化》,山东画报出版社,2006 年。

9. 胡自山等编著:《中国饮食文化》,时事出版社,2007 年。

10. 邱庞同著:《饮食杂俎:中国饮食烹饪研究》,山东画报出版社,2008 年。

11. 孟勇主编:《中国传统节日饮食习俗》,中国物资出版社,2009 年。

12. 席坤著:《中国饮食》,时代文艺出版社,2009 年。